1~2岁宝宝照护不NG

安心全指南

乐妈咪孕育团队 主编

这样照护宝宝
全家人都轻松

1~2

岁

江西科学技术出版社

·南昌·

目　录
Content

Part3
宝宝的饮食

Part4
宝宝的学习

Part5
宝宝的情感与社交

Part1
宝宝的生活
宝宝日常生活的
规矩建立

○尝试走路

宝宝急着想学走路了

宝宝的新视野从此开始，
迈出人生的起步

宝宝的身上蕴藏着很大的发展潜力，身体形态结构没有定型，可塑性大，故运动神经需要充分发展，必须要经常运动四肢，以训练身体的协调性，及各种反射动作的应对。

仔细观察宝宝容易摔跤的原因

宝宝从呱呱坠地开始到牙牙学语，从蹒跚学步到奔跑跳跃，他们的身体和智力就如同雨后春笋般，每日每夜都产生新的变化，个子不断长高，体重也不断增长，是一生中第一个高速发展的阶段。

身为爸妈的我们应该好好把握这一个时机，给予宝宝合理的营养，引导宝宝进行适宜的体育活动及训练，鼓励宝宝学习走路的积极性和发展探索世界的好奇心，选择适当的工具和方法，促进宝宝正常生长发育，以形成良好的体格。

一岁左右的宝宝骨骼基本上发育已经完整，也出现急于探索世界的欲求，爸妈可以考虑做好准备，开始让宝宝学习走路。刚开始学习走路的宝宝最容易出现扭伤和摔伤的情况，爸妈需要掌握好训练方法，才能让宝宝安全快乐地学习并迈出稳健的步履。一旦宝宝开始学走路之后，就要把家里容易出现碰撞和摔跤的地方适当处理一下，在垂直的桌角边或锐利的家具边缘贴上防护装置，将易碎的玻璃器皿放在高处或锁进柜子里，以免宝宝出现意外。

而很多妈妈反映宝宝在走路的时候容易摔倒，除去练习不足、不够熟练这些原因外，还可能是其他方面原因造成的。爸妈要仔细观察宝宝的情况，才好对症下药。

仔细观察宝宝的状况，可能是视力有问题，有些弱视的宝宝学走路时不敢迈步，走起路来东倒西歪，当然很容易摔跤，爸妈要注意带宝宝定期进行视力检查。也有可能是宝宝的小脑发育不良，导致平衡感差，引起摔跤。还有可能是缺钙，如果宝宝缺钙，膝盖会出现无力的症状，走路不稳就很容易摔倒。判断宝宝是否缺钙还有以下方法：观察宝宝是不是不容易入睡，入睡时多汗、容易惊醒，指甲灰白、头发稀疏等症状。

如果宝宝有上述症状，就应该和医生讨论是否需要补钙。爱孩子的父母千万不要以为这时候给宝宝补得愈多愈身体结实。其实，过多的营养均属浪费，甚至对身体有害。

宝宝为行走做好的三种准备

当宝宝出现可扶助围篱迈开小距离的步伐等想学习走路的行为时，说明他们至少具备了三种能力：一是能够抓握拳，可以有意识地使用自己的手指和脚趾；二是腿部肌肉已经能够支撑身体的重量，足以站立；三是四肢运动灵活，能够调节身体的重心。

给爸妈的贴心建议

适宜地为宝宝补充钙

为了防止宝宝缺钙，孕妈妈在怀孕晚期可以适当补充钙和维生素，能有效预防新生儿缺钙。宝宝出生后，宜适当到户外活动，不仅因为适当的紫外线照射能促进人体生成维生素D，还能使自身合成的营养素能更有益于宝宝摄入母乳或配方乳中的钙，以促进牙齿、骨骼的生长，并且还能呼吸到新鲜的空气，开阔视野、愉快心情，同时增强宝宝的体质，提高免疫力。

宝宝能咀嚼食物时，可以选择含钙丰富的食物，例如：芝士、牛乳、芝麻酱、切碎的虾米或小鱼干等。爸妈也可视家中宝贝的情况，搭配豆腐、豆干等豆类制品食用，更能双管齐下地促进钙质的吸收。

让宝宝学习向后走

在宝宝学习走路的这一时期，固有的视野变得更开拓、可触及的物品更庞杂，宝宝对世界的各种声光和物体充满好奇，正是宝宝开眼看世界的好时候。他乐意瞪大眼睛来看这个纷繁复杂的天地；用双手去感觉各种质地和触感；欣赏公园里盎然而立的野花；聆听纷杂的鸟啼；观看列队曲折而行的蚂蚁雄兵，这些都会引起他的好奇与兴趣。许多在成人眼中极为平常的事物，在他们看来却是那样神奇而不可思议、熠熠发光。

随着感觉、知觉的日益进步，肢体和语言的练习越来越精确，宝宝的感受性不断提高，在巨大的好奇心的驱使下，想尽情探索生活中的人和事物。

我们父母需要充分了解宝宝这一时期的生活特性，开启宝宝探索世界的旅程，来扩展宝宝的生活经验，在有意识地在活动中培养其注意力、观察力，扩大他的知识面，为他拓展学习空间。

一个人的感觉有80%来自视觉，而本体感觉就是视觉以外的其他感觉，如：位觉、运动觉、震动觉等。如果不使用视觉，综合运用其他的本体感觉也同样能帮助人完成自己想做的事情和目标，但前提是必须建立在熟练的基础上。

本体感觉好比身体在大脑中有地图一样，随时都掌握着身体各个部位的资讯，如不用眼睛看便能上楼梯、不照镜子就能摸到鼻子，这些都是本体感觉作用的结果。更加熟练时就又如打字员不必看键盘也能敲出正确的字、手风琴手不需仔细看琴键也能流畅演奏美妙的音乐、杂技演员不用盯着头顶上的盘子也能保持平衡等。

背着走需要凭自身的本体感觉，如脚着地时能感到地板是否平整，双手可感觉两边是否有其他障碍。因此，从小培养宝宝向后走，可以训练、增强他的本体感觉，对宝宝将来的音乐、舞蹈、体育、艺术联想方面等的抽象观念发展有很大的促进作用，同时也有强健小脑的作用，对宝宝的智力开发也有一定的好处。

该不该给宝宝用学步车？

许多爸妈都会听从长辈的建议，在宝宝学会走路时，给宝宝用学步车，除了觉得宝宝坐在里面四处玩耍很快乐外，还觉得将宝宝放在里头很安全，爸妈又能放下黏人好动的宝宝去处理手边的事，一举数得。然而，近几年开始出现许多怀疑学步车的声音，学步车真的安全、能帮助宝宝学步吗？

学步车通常是由轮子和宽宽的框架组成，框架上附带有塑胶盘，可供宝宝游戏，里头悬吊着一块挖了两个小洞让宝宝把腿穿过，能够乘载宝宝的布料，可供宝宝坐在上头四处移动。学步车是不少人童年里的共同记忆。

但其实，学步车的发明，是为了要帮助宝宝走路走得更好，能够让宝宝喜欢行走，保证宝宝行走时的安全，减少走路时跌倒的次数。因此，使用时爸妈要调整好学步车适宜的高度，让宝宝以正确的高度和腿部姿势行走，而不是用来用来作为长时间安置宝宝的场所。

同时，爸妈应该注意每次给宝宝使用学步车的时间不要超过十分钟，并且应该要在旁看护，楼梯口和门口应该要放置围栏作为阻挡，以防宝宝在使用学步车时发生夹伤或摔倒的意外。

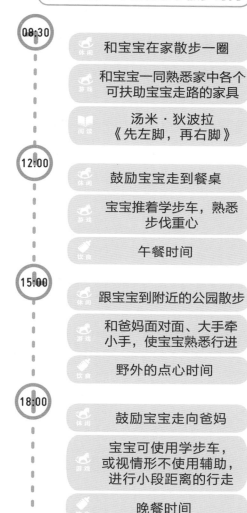

和宝宝的一举数得亲子散步时间

08:30
- 和宝宝在家散步一圈
- 和宝宝一同熟悉家中各个可扶助宝宝走路的家具
- 汤米·狄波拉《先左脚，再右脚》

12:00
- 鼓励宝宝走到餐桌
- 宝宝推着学步车，熟悉步伐重心
- 午餐时间

15:00
- 跟宝宝到附近的公园散步
- 和爸妈面对面、大手牵小手，使宝宝熟悉行进
- 野外的点心时间

18:00
- 鼓励宝宝走向爸妈
- 宝宝可使用学步车，或视情形不使用辅助，进行小段距离的行走
- 晚餐时间

给爸妈的贴心建议

训练宝宝向后走的技巧

宝宝学会走路之后，爸妈训练宝宝向后走的技巧最常用的办法是，让宝宝一边拉着小车玩具一边向后走，爸妈站在宝宝的背后，让宝宝听着爸妈的声音给他指路，并逐渐拉长练习的距离，借由这样的游戏来训练宝宝的本体感觉。

让宝宝独立上楼梯

根据幼儿心理专家指出，被照顾过度的宝宝，通常也缺乏独立思考的能力，最终将会导致宝宝缺乏自信，在人多的场合容易退缩、得不到表扬时容易大发脾气、不开心，加剧自暴自弃的心理。因为对于生活和周围的环境，他们习惯于接受而不是探索，不需要动脑筋选择。并且长期躲在父母庇护下令他们无法独立自主，这种情况会令宝宝日渐懒惰，当遇到需要自己决断的时候就会不知所措。

照顾过度还意味着压抑宝宝的天性，令他们丧失快乐自由的空间，和失去尽情发挥童心的机会。这样的宝宝长大后，也是缺乏创造性和挑战性的。

而宝宝在一岁到一岁半时，正是可以开始训练他们上楼梯的年纪，是第一个能够培养宝宝耐心和意志力的好活动。这个活动是要让宝宝自己扶着扶手慢慢地向上走。上楼梯的时候会活动膝关节及手臂的力量，同时需要保持身体的平衡，对宝宝来说是很好的身体训练。

宝宝在学习的时候，先抬一只脚，再迈另一条腿，看着长长的楼梯，必须要走到平台才能休息一下，这会促使宝宝学会坚持和忍耐，当他们走完楼梯时也会感到前所未有的成就感。

每个人的成长都离不开经验，宝宝必须从小通过自己的亲身经历来获取人生的经验、建立自信心，哪怕是一次失败的经验，也可以让宝宝有所收获，自行从中启发和思考，这会对他们未来的成长产生积极的影响。

而作为爸妈，要和宝宝一同成长、学习，必须学会尊重宝宝的天性，以及此时宝宝正要开始学习做出的各种选择，如何去充分地信任孩子，尤其是不可以因为爱，而将宝宝的一切独揽在手，应该逐渐而有计划地教育宝宝学会独立生存的本领，引导宝宝慢慢地学习如何自我照顾、自我保护、自我选择和思考。

因此，爸妈可以在旁边守护着宝宝，但是不要伸手去扶他们，一定要让宝宝独自完成。

如何判断宝宝准备好学上楼梯了？

许多伴着宝宝磕磕绊绊学步的爸妈，看着宝宝步履逐渐踏稳了、发育日渐茁壮，心底大多都有疑问：宝宝学走路到什么程度，就能够准备学着爬上楼梯呢？

大多数宝宝都喜欢观察爸妈爬楼梯的样子，其实爸妈可以从宝宝有兴趣观察成人行为开始，去仔细注意宝宝的情况，等待宝宝的几项生理条件都成熟了，来决定宝宝什么时候可以开始新的项目发展，再针对宝宝情况给予适当的帮助。

假如宝宝已经走路走得很稳健、很少跌倒，展现出走路技巧掌握得相当熟练时；会将爸妈的高椅子当作攀爬对象，能够顺着椅子自己爬上去，接着顺利地转身坐下并把脚给放好时；能依靠爸妈的牵引和协助，在高椅子上踩着椅子边的横杠行走时。这几种迹象都代表宝宝已经能以视觉判断高度和距离，腿部的肌肉和重心也能使用得当，爸爸妈妈就可以开始考虑让宝宝尝试学着上楼梯了。

一开始，宝宝会先仔细观察爸妈爬楼梯的步骤，接着就会用手来探索楼梯之间的空间和距离，接下来才以脚来跟手一起行动。因此，一开始很容易出现以手碰触地板，以手脚并用爬上楼梯的情形，接着就能试着让宝宝以一只手扶住栏杆或单手牵着爸妈来上楼梯了。

值得注意的是，许多爸妈觉得宝宝总是用手去摸地板肮脏不卫生，此时应该做的是勤带宝宝仔细洗手，而不应该加以阻止，否则会破坏宝宝的正常发展。

刚开始上下楼梯的宝宝适合柔软练习

宝宝刚学习上下楼梯时，四肢的灵敏度稍嫌不足，无法精准地控制身体，就容易跌落，因此，一开始不适合实际楼梯上学习。爸妈可利用家中现有的棉被及枕头堆成阶梯状，让宝宝练习用四肢爬上去，再从另一端爬下来作为练习。

给爸妈的贴心建议

提高宝宝反复上楼梯的兴趣

有些宝宝对于上楼梯这样的活动觉得乏味和疲惫，时不时会以撒娇或啼哭来耍赖，意图达到让爸妈停止训练的目的，此时有个很简单的办法，就是让宝宝玩滑梯。

不论是公园里常见的滑梯，还是家中的塑胶小滑梯，通常都只有几步梯子，而且两边都有高度适当的扶手，父母可在旁照顾宝宝玩耍。

宝宝都喜欢玩耍，当他们爬上高高的楼梯，再从滑梯上一溜烟滑下去的时候，就会高兴得不亦乐乎，把上楼梯的辛苦忘得一干二净，如此一来便增强宝宝上楼梯的动力。而爸妈们要学会充分调动宝宝上楼梯的积极性，使用各种方式来激励、鼓励他们。

训练宝宝下楼梯

当宝宝开始迈开步伐，学习走路后，上下楼梯是宝宝动作发展上很重要的一项，而楼梯则是一个能带给宝宝快乐，也能提供宝宝练习大动作的地方。宝宝学会上楼梯之后，应该对上楼不再害怕，但是下楼梯时看到的是又高又陡的楼梯，恐惧心理也会无可避免地一下子跑出来。此时爸妈不用着急，可以一步一步来，慢慢地练习来建立宝宝的自信心。

自信心对于宝宝心理健康和认知能力，都具有十分重要的意义，它能促使宝宝产生积极主动的活动愿望，大胆探索、思考问题、乐于与周围人交往、经常保持愉快的情绪，使宝宝在获得更多知识和技能的同时，也能逐渐发展乐观、勇敢、独立性强等正向性格特征。

而缺乏自信心的宝宝，怯于与周围人交往，参加活动的积极性和主动性较差、不能充分发挥能力去认识和探索事物，容易形成胆小、懦弱、依赖性强、优柔寡断等负面性格特点。

帮助宝宝练习自信心的方法非常简单，只需要爸爸妈妈多鼓励和有耐心的帮助宝宝即可养成。

首先，可以让宝宝在最后一步台阶上练习，爸妈把宝宝抱在最后一级台阶上，让宝宝自己走下来，接着再往上移一步，反复练习直到宝宝能够走完每一级台阶。

其次，在让宝宝下楼梯的时候，可以先让宝宝用一只脚走，比如宝宝先迈出右腿，再抬左腿站在台阶上，接着再迈出右腿走下一步台阶。这样行走有助于宝宝身体保持重心，并且能增强宝宝的安全感。直到熟练后再教宝宝两只脚交替走。

最后，对于胆小的宝宝，爸妈可以先牵着宝宝的小手引导他们下楼梯，熟练之后再放开手，让他们扶手或者墙壁。在宝宝下楼梯的时候，爸妈要站在台阶下面保护他，以免宝宝从楼梯上滚下来。

陪伴宝宝面对下楼梯的恐惧

许多宝宝在练习下楼梯时，因为恐惧心理，无论爸妈如何鼓励，牵着宝宝的小手再谨慎，也无法让宝宝安心地迈出一步。

宝宝在恐惧时，会出现判断力和理解力降低，甚至丧失理智和自控力，同时，还可能引起呼吸降低、心跳加快、血压升高、出汗等身体变化。

爸妈应该辨别宝宝是由于曾经身体失衡产生恐惧；还是由于亲身体验、

他人经验造成宝宝在类似情境中引起跌落、惧高等联想性质的恐惧；又或者是爸妈在宝宝学习的过程中，对宝宝说了太多下楼梯不注意的严重后果引起宝宝内心恐慌，并针对以上几点来判别如何帮助宝宝排除恐惧。

爸妈可以试着在宝宝下楼梯时，配合哼唱轻快的儿歌，将愉快的活动和引起恐惧的刺激联结在一起，让宝宝逐渐适应恐惧，直到消除；还可以借着宝宝的观察与模仿特性，以宝宝最信赖、最敬仰的爸妈以身作则，以行为对宝宝起着暗示作用，反复示范下楼的行动让宝宝学习，并且仔细地解释过程中脚步运动的细节，以及要注意的各种事项等，这些都是消除宝宝恐惧的好方法。

宝宝的上下楼梯练习

10:00

- 休闲 到附近的商家采买
- 运动 和宝宝练习走楼梯下楼
- 认知 可依沿途遇见的事物，向宝宝介绍，练习宝宝的认知能力
- 饮食 为宝宝准备一点水果作为上下楼的奖励

15:00

- 休闲 和宝宝到附近的公园玩耍
- 滑梯 鼓励宝宝爬上滑滑梯的阶梯，他才能愉快地溜下滑梯
- 饮食 野外的点心时间

17:00

- 休闲 练习爬楼梯回家
- 游戏 和宝宝一起爬楼梯回家，让宝宝更加熟悉上楼的感觉
- 饮食 适当地补充水分

给爸妈的贴心建议

针对无法克服正面下楼的宝宝

许多宝宝无法像大人一般正面下楼，倘若宝宝一时半刻无法克服面对下楼梯时的恐惧，爸妈可尝试紧紧站在宝宝的后面，让宝宝背对着你，温柔地使用简单话语帮助宝宝下楼梯，例如："先慢慢地把一只脚挪下来，对了，做得真好，接着再换另外一只脚。"如此一来，等宝宝练习数周，熟悉了下楼顺序，得到一定的安全感，便可变换方向尝试正面下楼了。

不可忽视的细节问题

建立良好的生活规则

1岁左右的宝宝视力、听觉都处在发育阶段，但四肢和心理对于周遭的探索却已跃跃欲试，因此，新手爸妈必须要在生活中仔细注意各个细节，为宝宝创造健康良好的生活环境，促进宝宝的身体健康发育。

宝宝看电视时间应适宜

帮助宝宝养成有益于健康的、良好的生活习惯，是爸妈不可推卸的职责。因为对一无所知的宝宝来说，借由爸妈的养成，形成了必要的好习惯，就可使身体在自然而然之中自动选择正确、有秩序、科学，并且合理地进行生活活动，为身体健康和今后发展打下良好基础。

当生活习惯巩固，并达到自动化程度，在无形当中就能够使人的饮食起居保有一定规律、保持清洁，并且拥有文明和健康，是一种较为固定的行为方式。因此，帮助、培养宝宝形成良好的生活习惯，是极其重要的。它不仅关系到宝宝的

健康，还将影响他们将来的发育。

一到二岁的宝宝眼睛发育并不完全，不能够放任他们长时间盯着电视里快速变化或移动的物体观看，否则容易引起近视等眼睛病变，并且限制了宝宝的想象力空间。

宝宝和电视里的人物也无法构成有效的双向交流，长期单向接受电视快速且爆炸的大量讯息，会降低宝宝学习语言的能力，而电视里发出的各种快速、复杂的声响更会干扰宝宝的注意力，导致注意力下降。另外市面上的液晶、等离子、背投电视等都有辐射，对宝宝的身体健康也很不利。

在日常生活中，其实宝宝可以适当地看电视，但最好有父母陪在身边，让他养成良好的习惯，保持正确的姿势与距离，掌握好看电视的时间，同时不要忘了和宝宝交流，增强他的理解力和沟通能力。并且切忌在吃饭的时间打开电视，每天看电视时间最好控制在一个小时左右，每隔十五分钟就要让眼睛休息一下。

从心理角度来说，电视节目虽然多姿多彩，但对宝宝来说电视里的画面却都是一些无意义的图案和色彩，宝宝无法和里面的人物、动物进行交流，永远比不上爸妈的拥抱和与他人交流或与自己说话感觉更温暖。因此爸妈不要只因忙碌而把宝宝交给生硬的电视机，应当要多花时间陪宝宝玩耍和说话。

和宝宝一起看电视

09:00

休闲　为宝宝挑选一则五至十分钟的童话故事视频

认知　借由童话为宝宝简易建立善恶观念

游戏　播完后为宝宝讲述故事中的各个角色

14:30

休闲　为宝宝选择一则五至十分钟带歌曲的动画视频

游戏　可和宝宝一起搭配节奏起舞，活动四肢

饮食　为宝宝准备开水以补充水分

17:30

休闲　为宝宝挑选一则十分钟介绍动物生态的视频

游戏　可在播放时为宝宝讲述动物习性

给爸妈的贴心建议

让宝宝正确地看电视

1. 将宝宝与电视机之间的距离保持在3米~4米之间。

2. 让宝宝的视线与电视机屏幕处在同一高度，以免仰抬太久，造成颈椎不适。

3. 适度地调节电视的亮度和声音，要光线适中、声音大小合适，不让光线和声音对宝宝造成过度刺激。

4. 看电视时要让宝宝能够养成习惯，端坐在沙发或者椅子上，不能斜靠着、躺着或趴着观看，以避免造成斜视等视力问题。

5. 不能在吃饭时看电视，以免引起宝宝的消化不良，也造成注意力分散。

6. 根据宝宝的年龄，将看电视时间控制在半小时到一个小时，切忌过长，并且为宝宝挑选合适的节目。

噪音对宝宝的发育不利

对宝宝而言，对其身心发展影响最直接深刻、最持久的就是家庭环境。

家庭环境是宝宝在人生旅途上的第一站，对人一生的成长具有十分重要的意义。宝宝的成长离不开家庭，更离不开爸爸妈妈，因为爸妈是家庭环境的创造者。在每一个家庭中，爸妈不仅为自己的孩子创造了丰富的物质环境，更为宝宝创造了伴随其成长的精神环境。甚至家庭的精神环境比物质环境更重要，对宝宝发展的影响更为长远、更为深刻。

噪音是指一些发声不规律、单调、机械的声音，其污染主要来自交通、工业和生活三方面，是由交通工具使用过程、建筑施工过程、生活周围环境或家庭里各种电器工作时所发出的声响，超过一定范围就成为噪音。例如：马路上的汽车鸣笛声、机场附近的飞机起降声、装修时使用的电钻或敲击的噪音，或附近社区住户大声交谈吵闹，以及汽车防盗铃响、老化的家用电器运转时等发出的声响，这些都可能出现在宝宝的生活环境中。

在宝宝所处的环境中，耳朵如果长期听到的是这些令人烦躁的声音，对宝宝的成长将非常不利。

此时期的宝宝正处于牙牙学语阶段，正尝试模仿声音、学习用声音与人互动和表达自己的意念，用沟通和爸妈创建精神交流，而噪音的出现，会让宝宝的听觉敏感度降低，尤其无法区分低分贝的声音，对宝宝此刻的正在发展的听说能力有很大影响。并且还会让宝宝出现听觉疲劳、听力减弱、注意力降低等症状，长期下来将影响宝宝智力的发育。另外，噪音亦会影响到宝宝的情绪，容易让宝宝产生暴躁的脾气，做事没有耐心，降低学习能力。

因此，爸妈要对此多加注意，不要让宝宝长期处在人多嘈杂的地方，平时多放一些舒缓的纯音乐给宝宝听，或多看着宝宝的眼睛和宝宝对话，以单纯的声音安抚宝宝的情绪。

为宝宝防范噪音的具体作为

宝宝对噪音的敏感程度比大人高，高分贝的噪音对宝宝未发育完全的听力构造非常不利，可能令听力受损，渐渐地就在噪音干扰下变成重听。

一般来说，三十到四十分贝是较为安静的环境，当声音达到七十分贝时，就会影响人们的工作效率。而要保证正常的睡眠和休息，声音就不应该超过五十分贝。

除了在家里说话尽量轻声细语，爸爸妈妈在日常生活中还有什么具体方法来为宝宝防范噪音对宝宝的危害呢？

使用电视机时音量尽可能调得小声一些，也不让宝宝使用耳机或听高音量的立体音响。确保家里所有的电器用品，如冷气、冰箱等在噪音方面能够达到合格的音量标准。当居住环境太嘈杂又没有足够能力搬离时，爸妈必须要懂得据理抗争，也要适当地给宝宝使用耳塞，或者安装气密窗或双层窗户，挂上较厚的窗帘来隔音。另外也要注意，少开比较喧闹那侧的窗户，并且要将钟表、电脑搬离卧室，冰箱也要放在离卧室、书房等较远的地方，接着要尽量让宝宝待在受外界噪音影响最小的房间里

活动，也不要给宝宝购买声音太大的声光玩具。

宝宝能够领略的美好音乐世界

08:30

聆听　为宝宝播放一曲固定的早操音乐

游戏　让宝宝听见节奏就能跟着活动，心情愉快地起床

益智　可发展宝宝的四肢活动及对训练节奏的掌握

13:00

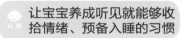
聆听　为宝宝播放能够舒缓情绪的纯音乐

认知　让宝宝养成听见就能够收拾情绪、预备入睡的习惯

21:00

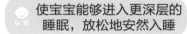
聆听　为宝宝播放一首固定的轻柔晚安曲

认知　使宝宝能够进入更深层的睡眠，放松地安然入睡

给爸妈的贴心建议

为孩子创设优美的音乐环境

日本小提琴教育家铃木，认为儿童的能力是在适应环境的刺激中培养出来的，如同儿童在语言环境中能够自然而然地学会说话、流利的使用语言一样，锻炼孩子对音乐的领悟力，也必须在优美的旋律中加以熏陶。

因此，除去噪音，时常为宝宝播放各式音乐，除了能够稳定宝宝情绪，也能够借此建立宝宝的音乐素养，并且培养开发直观的与对形象、综合、绘画和经验特别敏感的右脑，开发宝宝进行想象的能力。

避免宝宝坠床

宝宝学会走路之后，由于四肢的活动量逐渐增加，对于肌肉控制的精准度也会经由练习更加熟练。同时因视野空间更加拓展，宝宝想探索和触摸的比以往来得更多，以至于稍不注意，宝宝很容易就会因为翻身或意图爬过床围而掉下来，造成宝宝摔伤。但其实避免宝宝坠床的方法很简单，只需要爸妈稍微细心一点，仔细为宝宝准备安全的游戏及睡眠环境，就能够做到。

不要让宝宝睡在父母的床上，由于没有护栏，宝宝很可能在爸妈不在现场的时候滚落到床下。应当要给宝宝购买专门的小床，让宝宝睡在自己的小床上，床距离地面不要太高，保持在五十厘米以下，这样即使掉下来，宝宝也不至于摔得太重。

现在供宝宝使用的小床一般都装设了护栏，能够对在里面睡觉的宝宝起到预防坠床的作用。如果没有护栏，爸妈可自己选购一些安全的护栏，加装在小床边，以避免宝宝不小心跌落。此外，爸妈们必须注意到，小床所使用的护栏，其间隔距离必须要在九厘米左右，高度不低于六十厘米，才能够避免宝宝翻越，又能方便宝宝观察外面世界的动静，又不至于出现宝宝头部或身体被卡住的危险情况。

但是，小床旁的护栏并不能保证宝宝百分百安全，为了能够万无一失，还可以在护栏的周围围上一圈柔软、防撞的床围。当宝宝睡觉或玩耍时，为宝宝铺上床围可防止宝宝变换姿势时不慎失衡的撞击。

同时也需要在宝宝的床边地面上铺上一些具有缓冲作用的物品，如海绵垫、棉垫、厚毛毯等，即使宝宝掉下来也不会直接撞在地板上，出现严重损伤。另外，因为宝宝未满三岁，最好一直有成人在旁监护，如果爸妈有事需暂时离开，最好将宝宝移至地面上玩耍，或可以在床顶、护栏上绑上小铃铛，这样当宝宝醒来活动时，小铃铛的铃声会提醒监护的爸妈宝宝醒来了，千万不能对此事存有侥幸心理。

宝宝该不该跟爸妈一起睡？

许多爸爸妈妈在害怕宝宝坠床时，想到最根本的问题——宝宝究竟应不应该和爸爸妈妈分房睡或者分床睡，而伤透脑筋。

许多西方文化大力提倡宝宝应该和爸妈分床、分房睡，以养成宝宝的独立性。浅眠的宝宝可以因此不为大人翻身所干扰，安心舒适的睡觉，爸妈也能够不必担心宝宝是否半夜会被自己翻身压到，担心宝宝是否因为成人棉被太厚重导致窒息，和减少了疾病的相互传染。但是，让宝宝太早独睡也会造成许多负面影响，宝宝在每个阶段都有不同害怕的东西，如一岁时害怕巨大的声响，两岁时害怕猫狗等有尖锐爪子的动物，三岁时害怕有鬼或者坏人会抓走自己等。一个人在房里的宝宝，容易因为半夜哭闹或者踢被子，爸妈需要时不时地中断睡眠到宝宝房里探视，宝宝与爸妈间的亲密关系在白天时也更需要弥补。

而我们古老的东方文化则提倡宝宝应该和爸妈同床、同房睡，方便妈妈在夜间哺乳，宝宝也因为很有安全感而容易放松、更容易入睡，但却因此无法让宝宝在睡眠时呼吸到新鲜的空气，也干扰了爸妈的睡眠、影响夫妻间的亲密关系。

其实爸妈应根据宝宝的实际情况弹性制定，可以从和宝宝同房不同床开始

练习，可将宝宝小床的栅栏拉下连接到爸妈睡的大床，使宝宝保有自己的睡眠空间，也能享有碰触妈妈的安心感开始，再逐渐过渡到让宝宝自己完全分床睡，接着才和爸妈分房睡，也不失为折中的好方法。

安放宝宝小床的细节

爸妈应注意小床的摆放不宜在有高低落差的地板边缘，万一宝宝摔下床，可能会继续滚落到较低的地板，受到二次伤害。

小床周边的一些杂物，尤其要特别注意尖锐物品，将其移开。也需要特别注意小床附近的家具，假使具有棱角（如柜子或桌角），应该在转角上加装软垫，或者用厚一些的布将尖锐的角包裹起来。

给爸妈的贴心建议

宝宝坠床的紧急处理

万一宝宝坠床，爸妈需先检查宝宝的神智，观察有无神志不清等异常，接着检查宝宝的手脚、腿、胳膊能不能活动自如、是否因坠床而骨折，再检查皮肤外伤，是否需要进行包扎止血，最后记住抱着宝宝轻声安抚，除去坠床的惊恐感。

假使确定宝宝坠床是由头部先着地，或神志不清、关节无法活动、呕吐，爸妈则要特别注意，紧急将宝宝送入医院检查。坠床过后几天也要多加注意宝宝的脸色或行为。

给宝宝穿开裆裤的好时机

大部分的宝宝因为年纪还小，无法控制自己的大小便，且大小便的次数较多，爸妈需要不停地给宝宝更换尿布；此外，宝宝还无法正确地用语言表达自己的需求，虽说和爸妈整天相处在一起，但爸妈和宝宝的沟通默契不足，对宝宝的习惯掌握也不准确，给宝宝穿上开裆裤，大小便只要宝宝一蹲下来就可以方便快捷地得到解决，不仅仅是爸妈省事，宝宝在炎热的天气也舒服。

但应该在什么时候给宝宝穿上开裆裤，这是个因人而异的问题。一般来说，宝宝在学会爬的时候就可以换穿开裆裤了，因为这个时候大多数宝宝的排便时间已经有一定规律，但还是要视每个宝宝的具体情况而定。

穿开裆裤的最佳时机，应该是从妈妈对宝宝有意识地排便训练开始，方便妈妈训练宝宝排便。当宝宝还不懂得妈妈的提示要排便或有尿意的时候，需要多仔细观察每次宝宝排便时的身体反应，例如：脸部涨红、有用力的动作、双腿会抖动等，这时妈妈就能把宝宝抱到洗手间诱导其排便或排尿，并用固定的声音提示宝宝，如小便用"嘘嘘"、大便用"嗯嗯"，经过反复多次训练之后，让宝宝养成习惯，形成条件反射。

当宝宝的排便或排尿形成规律，宝宝已熟悉排便前的生理感觉，能够发出声音提醒爸妈，爸妈能够及时地让宝宝排便。外出时，可以试着给宝宝在开裆裤外头多穿一件连裆裤，这样在室内方便带宝宝去大小便，冬天里也可预防宝宝着凉。

穿开裆裤有许多优点，不仅可降低爸妈照顾宝宝的辛苦，能够减少洗刷脏裤的机会，也减少尿布的使用、经济实惠，宝宝还能够通风透气，更可避免爸妈因照顾时的不周给皮薄的宝宝屁股带来的健康疾病，如因尿布更换不及时的尿布疹、湿疹等，造成宝宝烦躁不适、哭闹不安。因此，待时机成熟，宝宝的生理条件允许时，就让宝宝穿上开裆裤试试看吧。

开裆裤的替代品

或许按月龄换穿的开裆裤的确非常方便，但有些爸爸妈妈觉得开裆裤的一些缺点如养成宝宝因为对生殖器的性好奇而把玩的习惯，或者觉得细菌感染防不胜防、出门在外非常不雅观、穿上两件裤子出门宝宝又太热等。对没有办法时刻注意宝宝的爸妈来说，这些坏处就将远远大于实际上带来的好处。那么还有什么其他的替代方案吗？

有这样烦恼的爸爸妈妈可以参考一下这样折中的做法：

爸妈可以视宝宝的状况固定约两个小时就带宝宝到厕所去排泄一下，看看宝宝是不是刚好有尿意想上厕所。并且可以到商场去购买十条左右的纯棉小内裤和轻薄的连裆裤，让宝宝可以每天搭着一套穿，提早熟悉穿内裤的感觉。要是宝宝不小心尿湿裤子了，也因为材质轻薄透气，更换下来立刻用手洗一洗，气温炎热的夏天里很快就可以干的透彻，隔天就能收下来再给宝宝换穿。

要是怕家里的床垫或沙发会被宝宝尿湿，爸妈也可以在商场一起购买几块大块一些的防水布垫，固定在床上或沙发上，当宝宝在家里玩耍时不慎尿湿，也能及时处理，就不需要再担心要大费周章地洗床单晒床垫或者清理沙发了。

值得注意的是，训练宝宝减少尿布使用的机会应该视宝宝的情况来决定是否要开始进行，假如宝宝的生理条件如膀胱的生长尚未成熟，爸爸妈妈就不应急于一时，还是应该给宝宝穿戴纸尿裤、勤于更换，以免揠苗助长。

穿着开裆裤的注意事项

宝宝屁股的皮肤娇嫩，喜欢在地上玩耍，或爬，或一屁股坐下，脆弱的阴部和生殖器如果没有隔着一层布料的保护，极其容易遭受细菌的感染，造成尿道炎等泌尿系统疾病，容易令阴部和生殖器受伤。因此穿着开裆裤最好只在家里穿着，或在宝宝的开裆处钉上子母扣，大小便时再拉开。

爸妈也要多注意宝宝是否有把玩生殖器的行为，出门在外则需要套上一件已垫上尿布的连裆裤，也可预防宝宝受冻。除此之外，给宝宝穿上了开裆裤之后，爸妈也需要经常为宝宝仔细地清洁屁股，保持局部的清洁，做好护理。

给爸妈的贴心建议

换上小内裤的好时机

穿着开裆裤训练一段时间后，宝宝的膀胱发育成熟，能够较为准确地通知妈妈需要大小便时，便可准备几件宝宝喜欢花样的纯棉小内裤为宝宝换上，不仅可以训练宝宝如厕的责任心，也可预防细菌感染，并由内裤上的印渍观察宝宝是否有产生其他泌尿疾病。

宝宝开始
发展自我

让宝宝学习独立

宝宝在一岁半之后逐渐出现了独立的意识，他们会观察爸妈的行为，然后进行模仿，对自己的需求也有一定的意识。这个时段要抓紧对宝宝独立性的训练，帮助他以后养成独立自主的好习惯。

宝宝应该学着自己穿衣服

幼儿心理学家指出，父母应该要尊重孩子，把孩子当作一个独立的个体。应当理解孩子，不要强硬地要求宝宝适应成人，而应主动察觉与理解孩子的各种需求，不仅是生理的和身体上的需要，更重要的是心理上的、人格发展上的需要，要去发现、了解孩子本性和独特的特质。

当宝宝开始发展自我意识时，其独立性的培养需要一家人通力协作，千万不要任何事都帮宝宝代劳。爸妈秉持着尊重、了解、不随意干涉宝宝这样的原则，开始

训练宝宝的独立性，需要耐心地给宝宝引导，让宝宝帮助家庭做一些简单的家务。

对此时的宝宝来说，做家务其实等同于一种游戏，并且可以对自己的能力增长予以肯定。让宝宝在玩耍的同时熟练生活中的必要技能，又锻炼身体，还能养成增强独立性，何乐而不为呢？

两岁时的宝宝，因小肌肉已发育，可以适当地开始训练他们自己穿衣服的能力。爸妈可以把宝宝的衣服平摊在床上，教宝宝先学会认识纽扣和扣眼，再认识衣服的里面和外面。接着把扣子的一半放入扣眼里，让宝宝学着把扣子全部塞进去，

和取出扣眼。反复几次，宝宝就学会了扣纽扣。

在教宝宝认识衣服的里面和外面时，掀开衣服的里层，告诉宝宝有车线线缝或车有标签的是里面，有口袋或者图案的是外面；而且衣服上有口袋、纽扣，领口低的那一面是前面，应该穿在胸前。待宝宝认清了这些就可以开始教他们如何逐次把双手穿进衣袖里，由爸妈向宝宝示范动作要领；开襟衣服和T恤、套头衫的穿法不太一样，需要逐一为宝宝讲解。

宝宝学会了穿衣服，穿裤子或者裙子就相对地较为简单了，只需要分清楚前面和后面就可以了。练习的时候先让宝宝坐在床边或者椅子上，两只脚分别放进裤管或者裙口，再慢慢地站起来整理好。这些过程反复教导几次，宝宝就可以自己穿衣服了。

初步穿衣练习

09:00

妈妈为宝宝挑出几件合季节穿的上衣

宝宝自行挑选后，由妈妈讲述步骤，慢慢练习穿上

妈妈讲述各个衣服的颜色，培养宝宝分辨颜色的认知

14:00

妈妈为宝宝挑一件合宜的外套

由宝宝练习自行穿上

妈妈可在一旁描述天气冷热，培养宝宝选择衣服的能力

17:00

让宝宝自行脱下上衣和下裤，爸妈可在旁辅助

由陪同入浴的爸妈一起比赛脱衣，通过刺激宝宝的竞争心来促进动作快速熟练

给爸妈的贴心建议

为宝宝准备的各式穿衣挑战

妈妈可使用织布，为宝宝分别在每一页缝上拉链、纽扣、母子扣等装置，缝制成一本练习书，让宝宝练习各式穿衣可能遇到的动作。也可为宝宝缝制几件布娃娃的衣服，让宝宝从中学会分辨衣服前后、衣服的里外，还能熟悉穿衣服的步骤，培养宝宝动手的能力。

并且每当宝宝完成一步，就好好地表扬他，耐心地给他一些提示，慢慢让宝宝从简单入手。

当宝宝自发地想帮忙

实验证明，家长的教养态度和实际教育行为有密切的关联性，前者会影响家长对孩子的认识，后者会影响家长对孩子教养行为的方式以及家长教育的效果。

大量研究指出，积极的父母教养方式有助于子女自我成长与适应良好；而消极的父母教养方式则可能导致子女认同困难、偏差行为的增加。

在看到许多家庭对孩子的教育之后，常常觉得现在不少孩子就像被保护在鸟笼中的小鸟一样。家长对孩子保护过度，日常生活中的一切琐事都由家长代劳了，从穿衣、吃饭到整理玩具，从来不让孩子动手，生怕出了什么意外，要将孩子的活动范围缩小到自己的视线内才能放心。

但一岁半到两岁的宝宝动手能力正在逐渐增强，平时看见爸妈在家里劳动也会学习模仿，适当的劳动是可以增强宝宝肌肉活动的能力，对体能发展也有一定好处。当宝宝表现出愿意帮助做一些家务时，应该鼓励他的这种行为，适当地让他做一些简单的事项。如爸妈回到家，可以叫宝宝递拖鞋过来，宝宝玩完玩具后让宝宝自己去收拾，这些活动都可以训练宝宝的身体协作能力，培养他从小爱劳动的好习惯。

当宝宝发现自己可办到的事项增加，自信心也会相对提高，而自信心对于宝宝心理健康和认知能力，都具有十分重要的意义，它能促使宝宝产生积极主动的活动愿望，大胆探索、思考问题，乐于与周围人交往，经常保持愉快的情绪。他们在获得更多知识和技能的同时，也能逐渐发展乐观、勇敢、独立性强等正向性格特征。

其实宝宝是天生都有劳动的意识的，有的宝宝特别不爱动手，主要是由家庭的娇生惯养所造成的，父母将任何事都帮宝宝做好了，特别不利于其长大后的生活。针对那些没有劳动意识的宝宝，爸妈要及时改变观念，和家里的长辈一起，减少对宝宝的娇宠，力所能及的事情都尽量让宝宝自己去完成。

除了家务，宝宝还能做些什么？

爸爸妈妈总有家务要做或者无法时刻陪在宝宝身边一起做家务的时候，那么宝宝在这些空档时间还能够做些什么来活动身体、培养独立性呢？

爸爸妈妈不妨从为宝宝选择玩具开始。市面上有一款可以让宝宝依照颜色和形状分门别类投入收纳的玩具箱，爸爸妈妈可由这款玩具开始，让宝宝慢慢尝试练习收拾。从自己的物品开始不让爸妈代劳，才不会让宝宝到了上学年龄还摆脱不了依赖和被动性，妨碍了将来求学的主动性。

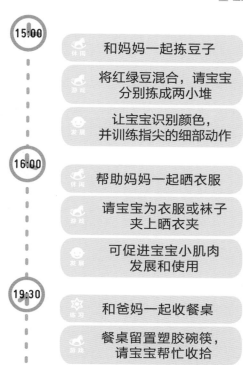

15:00

休闲 和妈妈一起拣豆子

游戏 将红绿豆混合，请宝宝分别拣成两小堆

发展 让宝宝识别颜色，并训练指尖的细部动作

16:00

休闲 帮助妈妈一起晒衣服

游戏 请宝宝为衣服或袜子夹上晒衣夹

发展 可促进宝宝小肌肉发展和使用

就让宝宝帮帮忙

10:30

休闲 请宝宝取来凳子

游戏 和妈妈一起拣菜，分出菜叶和菜梗

发展 让宝宝练习使用食指和大拇指的指尖细部动作

19:30

练习 和爸妈一起收餐桌

游戏 餐桌留置塑胶碗筷，请宝宝帮忙收拾

发展 可让宝宝养成和大人一起合作收拾的习惯

给爸妈的贴心建议

让宝宝帮忙的小诀窍

　　宝宝由帮忙得到参与感，肯定自己新的能力，但爸妈同时却苦恼着善后的麻烦，要减少这样的情况又不减宝宝兴致，有几个诀窍：首先，是只让宝宝专心地做一件事，将工作里一个不会耽误进度的项目交给宝宝，让宝宝也有参与感；其次，是给予宝宝较为安全简单的任务；最后，准备一些适合宝宝大小的工具，供宝宝练习使用。

　　无论宝宝有多热切想帮忙，其实爸妈都需要有"再做一次"的心理准备，只需多加耐心地教导宝宝正确做法，让他对正确的做法有概念，千万不要当面斥责宝宝。

　　只要让宝宝觉得自己在帮忙的过程中拥有成就感，那孩子下次就会乐意继续，甚至主动表示要帮忙爸妈。通过帮忙的过程，建立宝宝的自信心与成就感，不仅有助孩子本身，对亲子关系也非常好。

如何帮助宝宝主动上厕所？

每个宝宝的身心成长、发育快慢各不相同，一般而言，在宝宝一岁半到三岁的这段时间，可以视宝宝的情况，如企图模仿大人动作，对爸妈上厕所感到好奇，听懂爸妈日常生活的各个指令，就可以开始训练他们上厕所了。

通常女孩比男孩会更早学会使用便盆，而宝宝是否适合使用便盆可以从以下方面判断：当爸妈按照往常的固定时间更换尿布时，发现尿布还是干的，这意味着宝宝的膀胱能够大量地储存尿液了。另外，宝宝能够发出要上厕所的讯息，能够自己穿、脱裤子的时候，也是教宝宝如厕的成熟时机。

一开始，宝宝还不能适应便盆，爸妈可以把便盆放在洗手间的马桶旁边，每当替宝宝换尿布的时候，就让宝宝坐在便盆上熟悉一下。还有可能宝宝会一会儿想用便盆，一会儿想用尿布，此时爸妈不应责备他们，而应继续鼓励宝宝使用便盆。

关心爱护、理解尊重是幼儿自尊心发展的必要条件。经常得到别人尊重的儿童，更易发展自尊自爱的情感。而刚开始学习如厕的这个时期，有些宝宝的自尊心发展较为强烈，对于如厕时机失准，会有沮丧或生气的情况出现。

此时爸妈应坚持正面教育的原则，多以爱和耐心鼓励宝宝。同时，对于他们的缺点和错误，要进行善意的帮助，包容宝宝在训练过程中的失误，不能当众严厉地批评，若过度责骂、嘲弄，会使宝宝在训练过程中受挫，不但会让宝宝因此害怕坐上便盆、恐惧上厕所，长大后可能还会有顽固、害羞等后遗症出现。

此外，爸妈在选购便盆的时候要注意男女有别，男宝宝的便盆前面要有一个挡板，避免宝宝尿尿的时候洒出来。并且坐便盆的时间不宜过长，也不能一边便便一边玩玩具或做其他事情，这样容易让宝宝分散注意力，忘记自己正在做的事情，不利于养成正常的排便习惯。

训练如厕中的宝宝出门在外要怎么办？

在训练宝宝如厕的时间段中，即使已经尽量避免安排外出、减少出门的机会，爸爸妈妈还是会有一些事必须带着孩子出门办理，那么应该要怎么为宝宝做好出门的准备呢？

首先，爸爸妈妈应该事先查询要外出的地点或旅程中哪里有厕所，以至于当宝宝要上厕所时才不至于一时之间找不着厕所而手忙脚乱。

接着则要根据宝宝的状况来判断需要带出门的物品。

假如宝宝还没有习惯使用家里的厕所，还处在经常想上厕所却控制不住而尿湿裤子的阶段，那么爸爸妈妈就仍然必须为宝宝带着几片尿片出门。当宝宝固定的上厕所时间到时，依然要带着宝宝到厕所的马桶上感觉一下，再为宝宝包上尿片。

但如果宝宝在家已经训练得当，上厕所已经能够控制的有八成准确程度，那么爸爸妈妈就可以在出门前问一下宝宝的意见。如果宝宝选择自己可以不要尿布，则可以多带两套裤子及内裤，跟宝宝说要一起出门了，准备让宝宝挑战外出的如厕经验。

值得注意的是，如果爸爸妈妈要带宝宝出的是远门，那么就必须要跟宝宝好好沟通好，权衡之后给宝宝包上尿布，或者算准宝宝上厕所的时间停下来让宝宝进厕所排便。即使宝宝在长途旅行的过程中不小心尿湿裤子，也应该好好安慰宝宝，而不是怪罪宝宝控制失误。

帮宝宝选择便盆

1. 不要选择有玩具、具备声光音效或能播放音乐的便盆，这样容易转移宝宝的注意力，把便盆当作玩具而不是排便的工具。

2. 如果宝宝已经穿连裆裤了，爸妈就不能选择骑式马桶那样的便盆，这样不方便宝宝脱下裤子再骑上去，可让宝宝在家只穿着上衣和内裤，训练宝宝自己脱裤子上厕所。

3. 有靠背的便盆是不错的选择，它的造型和家里的马桶差不多，有靠背可以让宝宝的背有所依靠，上厕所的时候能够安稳地坐着，不会太累。

给爸妈的贴心建议

帮助宝宝了解便盆

为了迅速帮助宝宝熟悉便盆的使用，爸妈可以为宝宝念一些与上厕所相关的绘本，或者和宝宝一起观看相关的节目，让宝宝可以构建如厕相关的概念和习惯。爸妈也可以使用游戏的方式，给宝宝一只如厕伙伴，陪宝宝一同喝水、如厕，并且鼓励宝宝教导伙伴如何使用便盆，让宝宝提升使用便盆的熟悉度与感觉。

宝宝的语言能力发育

为宝宝提供缤纷多样的学习世界

宝宝的语言能力是爸妈普遍关心的问题，很多爸妈认为，宝宝说话晚就以为智力发展低下，其实两者并无直接的关联。宝宝说话需要良好的语言环境，需要思想与思维统一，爸妈在平时要多注意训练宝宝这方面的能力。

宝宝语言发展的时机

每个孩子说话的水平不尽相同，年龄愈大，这种差异就愈明显，有的能说会道，有的却不善表达。究其原因，最主要的是在宝宝在学前阶段这个儿童语言发展的最关键时期，是否有一个良好的家庭教育和环境。

一般来说，语言发展较好的宝宝，往往求知欲强、知识面广，智力发展也比较好，同时他们也往往性格活泼、开朗、思考活跃，喜欢与同伴、成人交往。因此，训练宝宝的语言能力有助于加强他们的交际、沟通能力与理解能力。且宝宝认识世界、汲取知识、扩大眼界，都要凭借语言进行，并且对宝宝的个性发展也有着不可低估的作用。

宝宝一般会在一岁左右开口说话，有些较早，有些较晚，在三岁前开口说话都能算在正常发展的范围之内。

而宝宝的模仿能力强，最初开口说话是因为听到身边人说话的声音而模仿。因此，爸妈必须时常和宝宝交流，以肢体动作搭配语言进行，即使他暂时不能理解语言发音其中的含义，但培养了良好的语言氛围才会更有助于促进宝宝的语言能力。为了进一步提高宝宝的语言能力，同时也要在听说方面多下功夫，训练宝宝听故事、讲故事，以增进使用句型的语言组织能力。

宝宝说话的早晚和爸妈的指导也有很大关系，爸妈可以在宝宝六个月时就经常对他说些简单的字，如：拿、要、喝、好等，增加他的印象。当宝宝能表达自己意愿的时候，父母也要时常用语言提示他，如宝宝指着水杯表示想喝水，就要一边递给他，一边重复音节说出："水、水……"，反复几次，宝宝就能记住这个字的发音。

如果发现宝宝对大人的语言毫无兴趣，总是自顾自地玩，对他说话时不会盯着对方的眼睛，也从不用身体语言来表示自己的想法，这时最好到医院检查一下，因为这样的宝宝有可能患有听力障碍或者智力低下的疾病，还有可能是罹患上自闭症，而这些问题必须及早发现及早治疗。

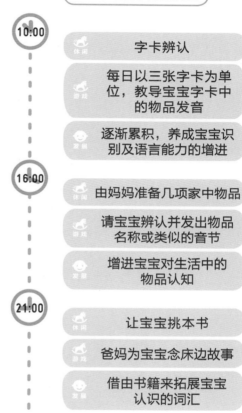

宝宝的语言增进挑战

10:00
- *休闲* 字卡辨认
- *游戏* 每日以三张字卡为单位，教导宝宝字卡中的物品发音
- *发展* 逐渐累积，养成宝宝识别及语言能力的增进

16:00
- *休闲* 由妈妈准备几项家中物品
- *游戏* 请宝宝辨认并发出物品名称或类似的音节
- *发展* 增进宝宝对生活中的物品认知

21:00
- *休闲* 让宝宝挑本书
- *游戏* 爸妈为宝宝念床边故事
- *发展* 借由书籍来拓展宝宝认识的词汇

给爸妈的贴心建议

宝宝比起其他宝宝特别沉默吗？

不说话的宝宝并不代表不会说话，有可能是不想说话，或是父母对宝宝过分顺从，没等宝宝说想要什么，就把宝宝想要的东西给他，使得宝宝懒得用语言表达。又或者是父母对宝宝说话过分关注、太过严厉，以至于宝宝在说话时感到压力。和宝宝性格是否天生胆怯、内向、不爱说话也有关系。父母只有创造良好的语言氛围和愉快的生活场景，以和蔼的态度和宝宝对谈，才能更容易激起宝宝开口说话的欲望。

如何培养宝宝阅读和认字

宝宝学说话是一个漫长的过程，不是一蹴而就的，而是需要爸妈用爱与耐心陪伴，带着宝宝一步一步地实现。当宝宝能够表达自己意愿的时候，爸妈就可以开始念一些简单的词给他听，让他累积对语言的感觉，然后从字、词学起，再学习对话和说出完整的句子，并将句子逐渐拉长。

一般来说，一岁之后的宝宝已经开始说话，这个时候爸妈便可以开始多教宝宝认字。现今许多家长都非常重视宝宝的学习教育，此时需注意的是，教宝宝识字必须要像教宝宝认物、说话、走路、玩积木、做游戏一样，让宝宝能够轻松愉快、自然而然地去阅读，进而因熟悉而能认字。比如：爸妈能够训练宝宝熟念押韵的诗歌、儿歌，培养语感。家里也可以购买一些有关交通工具、动物、水果或数字、字母等与生活事物有关的认知卡片，让宝宝认识它们的外形，认识颜色，并且能够正确读出它们的发音。这个时候还要开始有意识地培养宝宝听故事与讲故事的能力。

同时，宝宝开始学说话之后，爸妈就可以准备念有情节的各式图画书给他听了，让宝宝尽早阅读。培养良好的阅读习惯可以让宝宝受益终身，对宝宝的学习兴趣的培养是有益而无害的。

爸妈可以为宝宝从字数较少、图画色彩丰富的图画书读起，比如：《彼得兔的故事》、《米菲兔子》系列、《月亮，晚安》、《斯凯瑞金色童书》系列等生活场景的小故事，或如《猜猜我有多爱你》此类描述亲子感情的书籍。图画书可以增强宝宝的观察力、想象力与理解力，是爸妈和宝宝拉近彼此、培养亲子情感的绝好工具。从有趣的故事中学习，宝宝的阅读量和联想力、语言表达能力也会大大增强。需要说明的是，请爸妈一定要每天拨出固定的一段时间，和宝宝一起读图画书，当爸妈为宝宝投入感情地读出那些字句时，让宝宝沉浸在故事与爸妈浓浓的关爱中，将有助于宝宝从小建立健全的人格。

应该给刚学认字的宝宝教什么字？

众所皆知，和宝宝一起阅读及游戏，从贴近生活开始是识字最好的方法，因此，爸爸妈妈应该要尽可能通过游戏和固定的良好阅读习惯来激发宝宝的识字欲望。

而爸爸妈妈应该要了解的是，汉字是一种象形文字，我们对于汉字的认知是基于一种形状或物品所表现出的图样来记忆的，因此，爸爸妈妈可以考虑从日常生活中挑选一些笔画简易、能够以形状表现的常用字，先让宝宝以形状记忆字的图样、联结意义开始下手，比如：一、二、三、日、月、山、石、大、小等，为宝宝打开识字的大门。

值得注意的是，很多爸爸妈妈在宝宝幼儿阶段时教会宝宝学习了几百甚至上千个字，但是却只注意机械式地认字，忘了听、说和了解字的意义的培养和训练，造成宝宝无法真正了解文字用来阅读和交流的真正作用所在，反而扼杀了宝宝对阅读的热情和兴趣。

爸妈可为宝宝做的认字小方法

当爸妈想为宝宝创设认字环境，可以参考下列四点：

1. 在家中常见、常用的物品上贴上相应的大字卡片。

2. 由户外常见的广告、标语、路牌等开始学习指认。

3. 和宝宝一起阅读时，一个字一个字点着读，反复几次。

4. 挑选笔画简易的字，和宝宝玩以人体模仿字体的游戏。

给爸妈的贴心建议

一至三岁的宝宝应该看什么书？

宝宝在此时已有了简单的分辨色彩、形状的能力，也有一定的理解力，可阅读图画书激发想象力。市面上的图画书五花八门，爸妈可以根据宝宝的需求来挑选适合的故事，甚至挑选几款画风截然不同的书籍让孩子阅读。

1.认知图画书：认知图书可教宝宝学习认识周边的动物、交通工具、建筑物等。如法国绘本《妈妈你问我》系列。

2.生活场景图画书：可用书中的情节来教导宝宝一些行为习惯，例如：日本绘本劈里啪啦系列、《斯凯瑞金色童书》系列，讲述宝宝该如何上厕所、洗澡、穿衣服等生活常识。

3.益智图书：能够开发宝宝左右脑的图画书，包括：走迷宫、做拼图、涂色、贴纸、分辨颜色等益智游戏书。如《五味太郎》的益智游戏书。

诱发宝宝说话的诀窍

宝宝在一岁左右刚刚学会了走路，注意力主要集中在保持身体平衡上，语言的发育会相对较慢。但宝宝的语言发育能力因人而异，和走路一样，有的宝宝走得很早，有的会晚一些，爸妈在排除了宝宝罹患其他疾病之后，不用太过担心或强求，语言发展缓慢并不代表智力低下。

一般来说，当宝宝到了一岁半之后，对之前家里累积起来的"听"到的讯息会愈来愈多，一般会在一岁半到一岁八个月的时候突然开口说话，而且一开始都是模仿大人的发音，并没有特定的意义，最开始只能讲一些与吃和玩有关的字词。

培养宝宝说话的意识，是从培养语言环境开始的，而语言本身是在交往中产生和发展的。宝宝只有在广泛的交往中，感到有许多知识、经验、情感、愿望等需要说出来的时候，语言活动才会积极起来。

从宝宝生下来那一刻起，爸妈都有很多话想对宝宝说，这时不妨全都说出来，表扬他、亲近他、教育他的话都可以慢慢地告诉他，不用管他是否能够听懂。时常听爸妈对宝宝说话也会建立孩子的安全感、促进心理健康。当宝宝有了模仿大人发音意愿的时候，自然就会开口学说话了。

要激发宝宝说话的欲望，爸妈需要提供各种机会，多和他交流、谈心，和周围的朋友多说话也能刺激他的听觉，增加成人对宝宝、宝宝对宝宝的交谈机会，是发展口语的有效途径。同时，我们常常会发现有些宝宝的发音、用语，甚至说话的声调、语气、速度与他身边的成人如出一辙，能察觉宝宝会模仿成人的语言，不论是精美优良或有缺陷的语言，均是照单全收。因此，爸妈同时也需注意自身的语言修养，为喜欢模仿的宝宝创设良好的语言模仿榜样。

而想让宝宝接触更多的词汇，就必须要有意识地拓展宝宝的认知范围，为宝宝扩大眼界、丰富生活，从大量的书本中或身边环境中学习都可以做到。

如何判断宝宝是否语言发展迟缓？

许多爸妈在诱导宝宝开口说话的时候，经常会联想到宝宝是不是真的在语言方面有发展迟缓的问题。过于担心会对宝宝施加太多压力，不在意又怕耽误到宝宝的正常生长发育，爸妈应该多观察宝宝的几个方面来判断再决定行动。

首先，宝宝是不是听得懂一些日常简单的指令呢？例如：坐下、喝水水，或者懂得听词指出身体部位或家人。接着，会模仿日常经常听见的声音，如汪汪、喵喵、车车、谢谢等，五到六种不同的单字，并且开始发展叠字词汇的种类。最后，一岁半到两岁就能跟着大人模仿说单字或词汇，并且简单地组合字词，例如：爸爸抱抱、狗狗坏坏等。

假如排除了宝宝的个性气质不是太过内向、并未在日常生活中让宝宝不必说话就能得到想要的，也听得懂简单指令，那么爸妈可以尝试多跟宝宝面对面、稍微放慢速度地说话，让他看清楚爸妈说话的嘴型如何发音。如果宝宝对于爸妈的指令没有听懂，或者对声音没有太大的反应，那么就要考虑带着宝宝去给医生仔细检查，给宝宝做个发育评估。

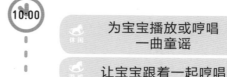

10:00

为宝宝播放或哼唱
一曲童谣

让宝宝跟着一起哼唱

童谣押韵、重复的句子
能够培养宝宝的语感

16:00

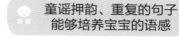

使用大量描述词汇的猜谜

由妈妈形容一项物品，
让宝宝猜猜或指认

宝宝由此学会更多
词汇、并发展联想力

21:00

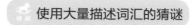

为宝宝播放有声书

让宝宝听一段有声书
后入睡

借由不同于爸妈的音调，
学习不同语气的表达

给爸妈的贴心建议

如何正确又有效地教宝宝说话？

1.吸引宝宝的注意力

让宝宝的注意力集中在某件物品上，再教宝宝发音，效果会比较明显。如拿着宝宝的玩具说"鸭"，熟悉之后再说"小鸭"。在宝宝想拿取玩具时，由此鼓励宝宝发音。

2.不断地重复学习

重复是对幼儿最常见的教育方式之一，宝宝能够因重复进而加深印象。

3.完善宝宝的表达

宝宝最初是对吃的和玩的感兴趣，当爸妈告诉他手里拿的是苹果或者小鸭的时候，还可以加上其他一些动词，如"宝宝想不想吃苹果啊"并示范"吃"的动作。

4.固定的学习时间

爸妈可以根据自己的情况，每天腾出固定的时间来安排宝宝的语言学习。

不能让宝宝听到方言吗?

不同地域有不同的语调和方言,一个家庭里也有可能是同时有多种方言混杂的。有时爸妈还掺杂着教导宝宝识记英语单词,而宝宝学习说话的时候,多是以模仿为主,许多爸妈担心,这样复杂的语言环境会不会对宝宝造成影响,延迟了宝宝学讲话的进度,或影响了宝宝对语言的理解能力?

普通话是宝宝进入校园、步入社会的普遍交流语言;方言则是因地域而形成独有的文化习俗,方言童谣、打油诗、民俗故事都传神地诠释了本土独有的文化特色,许多都是普通话无法转译的,并且还是与长辈沟通的一个重要方式,虽然两者看似冲突,但两种语言并行使用的很好的宝宝还是大有人在的。

其实在宝宝学习说话的时期,最重要的是培养语言的环境,学习的是哪一种语言并不是最关键的问题。宝宝最需要的是有人跟他说话、交流,了解他的想法和语言表达习惯,而和成人沟通不够顺畅,才会抑制宝宝语言发育,比如:宝宝有时组成字词或语句不明,大人们听不懂宝宝想表达的内容又不愿了解,他才会因此退缩、受挫。

为了刺激宝宝的语言发育,有心的爸妈还会让宝宝适当地听外语发音,增强听力。根据调查显示,宝宝在听到每一种不同的语言时,都会在大脑里储存关于它们的资讯,储存的资料越多,对语言的领会相对地就会更多。

由此可见,爸妈不用担心宝宝学会了方言,将来会很难学习普通话或其他语言,又或者害怕宝宝的方言将来会受到其他孩子的嘲笑。如果宝宝掌握了语言的特点和发音的技巧,即使学会了方言,也只会影响到宝宝的发音清晰程度,但最终并不会影响其他外语的学习和发展。

但爸妈不要因而操之过急,一下子教给宝宝太多语言,一定要视宝宝的具体情况而定。

母语对宝宝语言发展的重要性

很多爸妈因为听从许多他人的建议,坚持给宝宝双语环境,但却忽略了如果宝宝连母语的基础都还没打好就学习第二语言,很容易揠苗助长、影响宝宝本身正常的语言发育。

爸妈应该知道的是,母语是宝宝认识世界的一项主要工具,必须要通过使用母语来获取知识。同时母语也是宝宝认同感和归属感的来源,让宝宝更加认识使用母语的自己所属的民族，用以读懂本民族的歌谣、谚语及故事等，母语是无法被取代的工具。

语言学家指出，稳固的母语基础，能够帮助宝宝学习第二语言。因为语言学习机制是相同的，有了母语的基础，就能够懂得如何解读语言规则，能够帮助宝宝学习的迁移，以较快的速度去理解新的语言。因此，学习母语不但不是负担，反而是学习其他语言的基础，还可以有效地支持第二语言的读写发展。

但需要注意的是，就像结果实一样，爸妈首先要确认主要枝干的果实有足够的养分和生长空间，如果有余力才再增加果实的结垒数量。因此爸妈应该不要过于期望宝宝学习任何外语能立刻见效，应以学母语为主，再以少量学习外语为辅助才好。

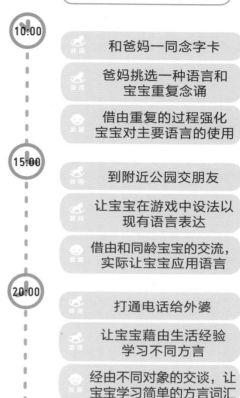

加入宝宝的多种语言练习

10:00
- 和爸妈一同念字卡
- 爸妈挑选一种语言和宝宝重复念诵
- 借由重复的过程强化宝宝对主要语言的使用

15:00
- 到附近公园交朋友
- 让宝宝在游戏中设法以现有语言表达
- 借由和同龄宝宝的交流，实际让宝宝应用语言

20:00
- 打通电话给外婆
- 让宝宝藉由生活经验学习不同方言
- 经由不同对象的交谈，让宝宝学习简单的方言词汇

给爸妈的贴心建议

发音：爸妈要为宝宝做出正确的榜样

宝宝学习发音的主要途径是模仿大人。爸妈发音清楚、正确，是宝宝学习正确发音的前提。宝宝咿呀学语时，就开始跟爸妈学习发音了。爸妈在宝宝身边发出的"呜"、"啊"等哄逗之声，以及哼唱的催眠歌谣，都是说给宝宝听的，都是在训练宝宝的听觉。宝宝稍大之后，就会学着爸妈发某些音节。爸妈的语音对宝宝学习发音影响最早，作用也是最大的。因此，要教宝宝正确地发音，爸妈必须先做到自己能正确地发音。

怎样教宝宝认识数字和数量？

宝宝开始要习得中文字，是从笔画较简易、生活随处可见的开始，而这个时期的宝宝特别需要注意的是，由于对于抽象的数学还没有概念，宝宝可以认识到的只有实物和图形，无法理解一般成人理解的抽象数学，所以必须以来自于生活的实物点数作为基础。

爸妈可以先让宝宝以背诵歌谣的方式从1念到10，等宝宝对1到10念诵得够熟悉，才可以让宝宝开始手脑并用，随着念诵搭配手指增加打开的手指数目。也可以开始买一些数字形状联想的图书，让宝宝以图像记忆，如像球棒的"1"、像天鹅颈项的"2"、组成蝴蝶翅膀的"3"、形状像帆的"4"等；或者可以引导宝宝注意生活中的数字，例如：钟表、日历或者有些数数玩具上的印刷数字。主要是集中在玩耍的时候教宝宝认数，让宝宝一边结合实际生活，一边在游戏中学习，则会事半功倍。

而教导宝宝认数字，不仅要让宝宝认识数字的写法，还要知道数字量的变化，爸妈可以准备一些教具，结合此概念来帮助宝宝认知。

例如：可以用数棒来教学"1"的量是一厘米的小棒，"2"是两厘米的小棒，以此类推，让宝宝明白小棒的长度愈长，数字就愈大。

或者爸妈可以利用数箱来教学，准备贴有0～9纸条的10个箱子，让宝宝依据爸妈的指示，将小棒或其他小物品放进相应的数箱里，让宝宝了解数愈大，量愈大。

除此之外，还有一种像珠算盘的玩具，细柱上分别穿着1至9个珠子，排列站在同一水平线上，教宝宝认读这些数字，并且说明相邻两个之间的关系，宝宝很容易就能理解1到9是逐渐递增的关系。

值得注意的是，教导宝宝数数时，每次练习的时间，不超过5分钟最为恰当，否则宝宝容易觉得厌烦。并且要时常更换数的种类，例如：积木、珠子、家里的豆子或米粒等，然后从量少的开始，随着宝宝的熟练程度再慢慢往上增加为宜。

给宝宝的数数童谣

爸爸妈妈都知道，非正式的方法才不给宝宝压力，让宝宝从玩耍中学习知识则是最快最好的方式。但经常要宝宝数豆子或做辨别数字、分类的活动，难免有时宝宝会觉得枯燥，那么爸妈不妨就将数数结合音乐、唱游和律动，跟宝宝一起唱几首数数童谣吧。

比如："一二三四五六七，我的朋友在哪里，在这里在这里，我的朋友在这里"；"一二三四五，上山打老虎，老虎打不到，打到小松鼠。松鼠有几只，让我数一数，一二三四五，五只小松鼠"；或是耳熟能详的"大拇哥，二拇弟，三中娘，四小弟，五小妞妞爱看戏。手心手背，心肝宝贝"、"一只蛤蟆一张嘴，两只眼睛四条腿，扑通一声跳下水。两只蛤蟆两张嘴，四只眼睛八条腿，扑通扑通跳下水"等。

爸爸妈妈还可以阅读一些童谣读本或手指谣来搜罗其他的数字儿歌，将数数变得更加生动活泼，刺激宝宝萌发对数数的兴趣及探索的动机，达到帮助宝宝提高数字感知能力的目的，帮助宝宝更有效地学习数数。

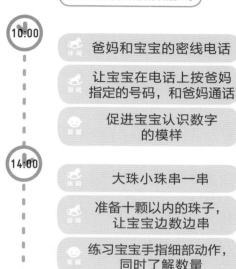

宝宝的简易数数游戏

10:00
- 休闲 爸妈和宝宝的密线电话
- 游戏 让宝宝在电话上按爸妈指定的号码，和爸妈通话
- 发展 促进宝宝认识数字的模样

14:00
- 休闲 大珠小珠串一串
- 游戏 准备十颗以内的珠子，让宝宝边数边串
- 发展 练习宝宝手指细部动作，同时了解数量

16:00
- 休闲 数字歌谣边唱边跳
- 游戏 将1～9编成图像化歌谣，和宝宝一起背诵
- 发展 增强宝宝对数字的图像记忆

给爸妈的贴心建议

学数字要比学语言文字慢

许多爸妈在宝宝学过文字后，对于宝宝在学习数字这件事情上急于求成，但爸妈必须要知道的是，宝宝在学龄前并不具备抽象的数学概念，要到三岁左右，才能够懂得数字5的概念。假如爸妈强硬地逼迫宝宝去背诵或了解，对于宝宝来说非但增添不少压力和畏惧感，因此，觉得学习数学是困难而无聊的，学龄后也将会更害怕数学这门课程。

我们应该去了解宝宝的脾气，借由游戏来教育、经常鼓励宝宝，使宝宝觉得数数游戏是件快乐有趣的事，由此来培养、提高宝宝对数学的兴趣，并且由简易的数数开始循序渐进，让宝宝在愉快中成长、进步。

Part2
宝宝的健康
让宝宝多运动，
才能远离疾病

断乳时机宜多方考虑

为了提供宝宝的营养所需，准备加入其他食品

随着宝宝身体不断发育长大，母乳的营养开始无法满足宝宝的需要，这个时候就要考虑为宝宝增加其他的食物来源，加入其他乳制品辅食替代母乳。

母乳该喂到什么时候呢？

关于母乳，各个医生都强调，母乳是婴儿成长发育过程中宝宝最理想的食品，具有来自母亲的抗体并且容易消化、营养均衡、吸收率较高等优点。而且毫无疑问的是，哺喂母乳除了供给宝宝营养、增强宝宝的抵抗力，同时也帮助妈妈跟宝宝间形成一种亲密的亲子关系，让宝宝感受到妈妈的拥抱和体温，能够给予宝宝情感上的回应，建立良好的亲子关系，是宝宝获得爱和抚慰的一种最直接的方式。

但母乳虽好，富含蛋白质、脂肪和其他适合婴幼儿的营养成分，只是随着宝宝的成长，母乳的养分终有无法全面供给宝宝生长所需的时候。

很多妈妈不知道自己该在什么时候给宝宝进行断奶，于是都会参照其他妈妈的经验来操作，但其实这样并不准确。一般来说，妈妈们通常会在宝宝一岁左右的时候就考虑是否应该让宝宝断奶了，因为宝宝在此时的肠胃消化功能就基本完善了，对营养的需求也会逐日增加，相对地，对辅食的需求也会提高，因此，被认为正是宝宝断奶的好时机。

而其实宝宝该在何时断奶，是因人而异的。不仅跟妈妈有关，跟宝宝本身也有关系。

世界卫生组织在建议妈妈们的哺乳时间时，提出了一个重要的观念，叫作自然离乳。

离乳代表的是进食方式的改变，指的是宝宝不再完全依赖妈妈的乳房，而能够自己觅食、去熟悉以其他方式获得营养，是每个母乳宝宝必经的阶段，同时也是宝宝逐渐成熟独立的象征。而这就必须要根据妈妈奶水的储备情况，以及宝宝的依赖性来决定。

所以世界卫生组织提出的建议是在宝宝六个月前纯喂母乳，六个月后开始添加其他的辅食给宝宝食用，并持续喝母乳到两周岁或以上，再由妈妈视自身和宝宝的情形来决定如何离乳。

而断奶的过程也不宜操之过急，需拟定好温和的方法来实行，否则容易引起宝宝出现食欲下降或焦躁不安、不易安抚等问题。

一岁母乳宝宝需要额外补充营养品吗？

宝宝在一岁以前，主要的营养来源是母乳或配方奶，而到了满一岁以后的宝宝，是否就会因母乳或配方奶的摄取递减而营养不足呢？

其实一岁宝宝已经食用了辅食一段时间，消化系统也已趋完善，能够从进食中的五谷杂粮、蛋奶鱼肉及蔬果中摄取到均衡的营养，以及各种维生素，此时奶类对宝宝来说其实仅是一种点心。

况且，额外的维生素和矿物质的添加，是针对有特殊需求的宝宝，如果评估宝宝真有严重偏食或显露出病状，也要先请教医师才能决定。

给爸妈的贴心建议

宝宝预备好离乳的表现

当宝宝开始对吃奶显得没有兴趣，反而专注盯着爸妈用手将食物放进嘴里、并且不停咀嚼的进食动作，对此感到新奇，渐渐出现张开嘴巴流口水、想拿取爸妈手上的食物，或者随着成人做出咀嚼的动作，爸妈便不妨抓住这个良机，在看见宝宝做这些动作的时机替他实行断奶，开始让宝宝学习咀嚼固体食物。

循序渐进地实施断奶

当妈妈决定要实施断奶时，要切记不能过于急躁、操之过急，并且需要秉持着温柔而坚定的态度去实行。

首先，断奶应选在宝宝身体健康、季节宜人时实施，最好选在春天或秋天这类凉爽的季节，此时宝宝的身体或情绪不易受天气影响而产生变化，妈妈也能够容易带宝宝外出活动分散注意力，让宝宝分心忘记要喝奶。此外，此时的蔬菜水果等农产也种类丰富，宝宝可选择的替代食品较多，宝宝更容易适应。

接着妈妈可以视宝宝食用辅食的情况，来考虑要以三到四天减一餐或每周减一餐的规律，逐渐减少喂奶的次数，尝试用牛奶或优酪乳等其他乳制品逐渐替代母乳，并逐渐增加辅食的种类和进食量。

从白天开始，正餐时间不主动喂奶，宝宝空腹时先喂辅食，再以玩耍来分散宝宝注意力，借此延迟宝宝的吃奶时间，逐渐将母乳放到点心时间，并且缩短喂奶时间。最后才是断掉睡前和夜里吃奶，妈妈可以试着在睡前让宝宝吃或喝一些点心，刷牙后搂着宝宝一起听音乐或看故事书，让宝宝安心入睡，减少宝宝对母乳的依赖。

在断奶的过程中，由于宝宝对妈妈身上的奶味很敏感，爸爸也需要发挥一定的作用。妈妈可以有意识地增加爸爸陪伴宝宝的时间，借此强调爸爸的存在，适时地减少宝宝对妈妈的依赖，也是断奶成功的要素之一。

而妈妈需要额外注意的，除了断奶食品的卫生、考虑各个营养素的调配、不给宝宝吃太多甜食外，还有宝宝因逐渐断乳能够直接感觉温暖和爱、安全感及幸福感的肌肤接触次数减少，则需要额外多花时间拥抱宝宝、强调对宝宝的爱，以抚慰宝宝的心情。

倘若妈妈发现宝宝在断奶过程中，出现哭闹不止、情绪暴躁、晚上睡不安稳、食欲减退、经常吸吮手指等行为，极有可能是因为宝宝还没准备好断奶，或断奶过程太过迅速，导致宝宝无法适应，这时妈妈必须评估一下。

妈妈要和宝宝沟通戒奶这件事

母奶宝宝要实施断奶可能不只需要双管齐下或三管齐下，更可能需要多管齐下的方式才能让断奶过程更加顺利，让宝宝达到一天只喝两次奶的目标。如果妈妈在实行逐渐断奶的过程中，仍稍嫌不顺利，不妨试试多加几种方法一起实行。

宝宝在一岁半左右已经能够听懂爸爸妈妈大多数的指令，此时爸爸妈妈可以找一个让宝宝能够专心聆听的空间，坐下来和宝宝以平行视线对谈，以温柔但坚毅的口吻和宝宝说明断奶这件事。如：宝宝你已经越长越大啦，家里还有其他好多好吃的东西，喝了奶就吃不下了，你也因为长大了吃得更多、喝奶容易饿，我们今天来试试看先少喝一次奶好不好？

多采取沟通而不是强迫的方式来跟宝宝对话，让宝宝能够逐渐地理解爸爸妈妈这么做的原因，不是因为不爱他或其他原因，太激烈的方式反而容易让宝宝产生压力和焦虑。

除此之外，进行退奶的妈妈可以稍微食用一些可以退奶的食物，例如：麦芽、韭菜、薏仁、菊花茶等，一方面除了能够避免乳腺炎，另一方面也能够用来拉长喂奶的间隔，借机给没喝饱的宝宝多吃点固体食物。

好的辅食有这些特点

一般来说，从一岁后宝宝开始尝试多种辅食，是培养宝宝进食、不易挑食的重要时机，因此，如何给宝宝挑选好的辅食，是妈妈一项很重要的功课。

首先，辅食应要营养素种类齐全，例如：丰富的蛋白质，以及宝宝所需的矿物质和维生素等，且比例恰当，不含任何的激素或色素，并且容易吸收、口感适合宝宝的脾性。

妈妈可在家自行制作辅食，尝试各种食材搭配加工，比如把香蕉、苹果或梨子一起打成水果泥，或将蛋、胡萝卜、西兰花和豌豆一起熬成软烂的粥品，试探出宝宝喜欢的是软烂或是稍微可咀嚼的口感。最后，最重要的是，切勿添加太多的调味料，让宝宝尝到原味。

给爸妈的贴心建议

顺利让宝宝断奶的其他小诀窍

当妈妈在断奶期间开始给宝宝尝试新食物，应由少量、浓度较稀的开始试起，并观察宝宝的粪便和皮肤有无不良反应，为期一周后再尝试另一种。

接着最好为宝宝准备专属的吃饭座椅、一套吃饭的汤匙和小碗，让宝宝习惯大人的进食方式，并固定在某一处进食，以此培养宝宝进食的好习惯。

宝宝不吃辅食，怎么办?

普遍来说，给宝宝的辅食和乳制品安排要在断奶前就开始为宝宝挑选、准备，并在宝宝已经半断奶的情况下，让宝宝多加尝试并逐渐适应它们的味道。

一岁左右的宝宝成功断奶后，进食时段可依照成人进食的时间分为早、中、晚三餐，另外适度加入两到三餐的点心。其饮食主要都在鱼、肉、蛋等食物中摄取必需的蛋白质和脂肪等营养元素，并且强调平衡膳食：要用"粗"和"细"、"米"和"面"、"荤"和"素"相互搭配，食物大部分以碎、软、烂为原则，需要做到营养丰富、适合宝宝口感，又有利于宝宝消化的条件。

即使宝宝一时之间不能适应妈妈准备的食物，爸妈也不用太过着急，因为适合宝宝吃的食物有很多，妈妈总能从宝宝对各种食材的反应中归纳出宝宝喜欢的口味。

但有些宝宝出现的是反反复复、今天接受明天不接受的情况，口味多变，这时妈妈就应该考虑从多个方面去作分析及调整了。

首先，除了调整食物的口味、软硬度、颗粒大小、食物进入宝宝口中的温度，妈妈应该确定宝宝是否已足够地练习过吞咽、给宝宝接触辅食是不是太过浓稠、太硬，以至于宝宝对食物吞咽感觉费力、疲累呢? 给宝宝使用的汤匙是否适合现阶段使用? 宝宝的用餐环境是否舒适、温度适中?

其次，就要给宝宝确立一套吃饭的顺序，吃饱了就能离开椅子去玩耍，并且吃饭时不给宝宝开电视或玩具，以免干扰宝宝的注意力。

最后，值得注意的是，爸妈对宝宝抗拒进食，千万要顺其自然，不能强迫喂食，以轻松愉快的吃饭气氛为主，以免宝宝将辅食与恐惧、厌恶感产生联结，形成抗拒心理。同时给宝宝戴上围兜，允许宝宝用手触摸、抓、捏、涂抹食物，或伸手用汤匙进食，不要因为怕弄脏环境和衣物，就抑制了宝宝对食物的探索，务必让宝宝享受吃饭的乐趣，才有机会诱发宝宝由被动喂食转为主动进食，爱上吃饭。

帮宝宝准备辅食的诀窍

现代社会的年轻爸妈忙碌于家庭、工作和育儿之间，对宝宝的保健和进食也因为知识的提升而更加讲究，要如何便利地在忙碌的日程中帮宝宝准备营养满分的辅食呢?

首先爸妈应该要注意，给宝宝食用的蔬菜水果要以当季的为优先，肉类要以低脂的鸡胸肉或低脂绞肉为佳，看清楚标示和认证，也不要给宝宝选择经过加工或人工添加的食材。

通常现煮的料理是营养成分保留最完整的，如果需要上班的妈妈们还是坚持想给宝宝现煮的料理，可以考虑将宝宝分量的食物和大人的一起清洗、剁、切和烹调，但要注意过程里不能调味，等取出宝宝要吃的分量，再做后续的手续来做成适合喂食宝宝的质地给宝宝食用。

或者真的没有太多时间，也可以选择一次大量制作，再按照宝宝一餐的量来分装，并且可以利用夹链袋或保鲜盒来分装冷冻已经做好的米饭、粥品或蔬菜泥等辅食，或者也能以大骨或蔬菜事先熬煮好一个星期分量的高汤，再以制冰盒分装，每次喂食前只需要取下一份的量来加热，或要煮时取出一块高汤冰块来跟干饭一起熬煮即可。但要特别注意的是，这样的做法最忌讳重复解冻、冷冻再解冻，也最好要控制在三到四天内吃完才好，除了能保持食物新鲜，也能让宝宝的口味更多元。

了解宝宝成长所需的六大营养素

1. 碳水化合物：主要在谷类或豆类中摄取，是宝宝活动和热量的主要来源。

2. 脂肪：主要在蛋黄、乳类和肉类中摄取，为宝宝提供热量，维持体内器官的正常运作。

3. 蛋白质：主要经由蛋、肉类、豆类、鱼类来吸收，能促进宝宝身体各组织器官的生长。

4. 水：是组成人体的主要成分，可促进身体的新陈代谢和体温的调节。

5. 维生素：需在各类食物中均衡摄取到不同的维生素，是维持宝宝正常生理功能和生长发育必需的营养素，对宝宝尤其重要。

6. 矿物质：是宝宝每天所需的微量元素，主要从蔬菜、蛋类、鱼类中摄取，以满足骨骼和牙齿的生长。

给爸妈的贴心建议

宝宝普遍容易接受的食材

宝宝因味蕾单纯，对味道较为敏感，不适合使用太多调味料。又因为母乳味道偏甜，因此，一般宝宝容易接受的多为甜味。妈妈可使用胡萝卜、玉米等具甜味的蔬菜熬汤再煮粥，或是在辅食中加点香蕉泥制造香味，之后再视情况逐渐在甜咸中互换。

减少生病的保健知识

随着宝宝年龄增长，
宝宝需要的免疫能力也增加

> 宝宝需要全面的营养搭配适当的运动，才能保证健康的体质。宝宝身体健康除了来自先天的遗传，后天的训练和补给也同样重要，特别是高科技发达的今天，很多疾病都可以在幼儿时期通过打疫苗而杜绝。

不可忽视疫苗的注射

为人父母都期望宝宝能够身体健康地成长，因此，在宝宝还小时就需格外注意、细心照料，才能为宝宝的身体健康打下良好基础。

研究显示，喂母乳的宝宝比起用其他喂养的宝宝，身体免疫力更好，较不易生病。但宝宝在六个月到三岁这段时间，由母体带给他的免疫力会逐渐减弱直至消失。加上宝宝学会走路，探索范围扩大、由口和手接触的物品增多，需要的免疫能力相对增加，而原先就容易

受到细菌侵扰的宝宝，各种流行病毒也可能同时攻击宝宝的免疫力。因此，一定要按时给宝宝接种疫苗、养成良好的生活习惯，以杜绝这些问题的出现。

一岁以上未患过水痘的宝宝，爸妈应该要让宝宝接种水痘病毒疫苗，安全性与免疫效果都很好。若在接种疫苗后感染水痘，可以有效减轻水痘症状，可能会产生较少的水痘、较不会发烧，复原较快。

但爸妈千万不要认为水痘和麻疹一样，得过一次就终生免疫，其实水痘是一

种带状疱疹病毒，会一直存在体内，并具有高度传染力，感染后会引发红疹、水泡、发痒、发烧等症状，也可能因抵抗力较低、病毒再活化而引发带状疱疹，因此，应及早为宝宝注射比较好。

此外，每年秋天的时候，社区会召集所有六个月到三岁的宝宝，为他们注射流感疫苗，以安全度过流感季节。值得注意的是，爸妈不要把B型嗜血流感杆菌疫苗和流感疫苗混淆，它们一个是用来预防会引发脑膜炎、肺炎、会厌炎、败血性关节炎等重大疾病的B型嗜血流感杆菌，另一个则是预防秋冬季节的各型流感。两者都需要注射，尤其流感疫苗是需要每年注射的，才能确保在经常突变的流感病毒中达到预防效果。

还有一种疫苗叫麻风腮腺炎德国麻疹混合疫苗，应该在宝宝满一岁三个月，也就是离第一次接种麻疹疫苗第十到十四个月后再接种，接种后可以为宝宝预防麻疹、风疹和腮腺炎三种疾病达十一年以上。

哪种情况下宝宝不能打预防针

注射疫苗是为了让宝宝在未接触严重疾病前，先经过体内的小型感染过程产生抗体，碰到时就可减轻症状或不会再感染。因此，爸妈都应排除万难给宝宝按时接种，但有些特殊情况，宝宝是不适合接种疫苗的。

1. 宝宝打了预防针之后出现严重的过敏反应，如热痉挛、虚脱，甚至休克，这时不能再打预防针，而应该及时询问医生。

2. 有神经系统疾病的宝宝不能打预防针，比如：发作性癫痫。但是像脑瘫这种稳定性神经系统疾病的宝宝还是可以接种。

3. 罹患免疫性缺陷疾病或长期使用降低免疫力药物的宝宝，因免疫力太差，依然可能致病，所以不适合打预防针。

给爸妈的贴心建议

预防针是永久有效的吗？

自从有了牛痘疫苗后，人类有了预防疾病最有效的方式，各式各样的疫苗陆续被研发，但需要注意的是，疫苗也是有防疫期效的，年纪增长或免疫功能下降时，还是有可能会失效，无法保证永久有效，需要按一定时间追加注射。

宝宝的口腔清洁

宝宝平均在六至七个月大时，长出第一颗乳牙，到了满周岁已经有六到八颗乳牙。虽然每个宝宝长牙的情况各不相同，但牙医认为，对于宝宝的口腔保健，应该要从出生开始。在每次喝完奶后，爸妈就能用纱布沾水缠在手指上或购买指套牙刷，来替宝宝清洁口腔、擦拭舌头，并对牙龈进行清洁和按摩，帮助乳牙健康地长出。

等宝宝长出乳牙后，则要更加注意宝宝的乳牙清洁，才能维持口腔健康。

龋齿，也是我们所说的蛀牙，主要是由牙菌斑引起的，需要经由进食后清洁牙齿来预防。为了预防这个时期宝宝常见的奶瓶性龋齿，父母必须为了宝宝肩负起彻底清洁乳牙、口腔保健的责任，同时也要尽量避免让宝宝常吃糖分高、黏性强的食物，或含着奶瓶、妈妈的乳头睡觉，使得糖类在牙齿表面发酵，造成蛀牙。

特别是在宝宝满一岁之后，能够食用的食物开始多样化，糖分也相对开始增加，此时还容易罹患口腔溃疡和牙龈炎。爸妈除了给宝宝多吃水果蔬菜、补充维生素，更尤其要注意彻底清洁宝宝牙齿间的缝隙，以水平横向的方式替宝宝仔细清洁乳牙，预防龋齿。并且定期在三个月至半年，带宝宝去做一次口腔检查，让牙医替检查乳牙的健康状况，来给宝宝建议要不要涂氟或使用氟锭来保健乳牙、增强牙齿，帮助预防蛀牙。

而当宝宝大约两岁、开始懂得漱口这个动作时，爸妈就可以考虑开始让宝宝使用成分单纯、不含氟的牙膏来清洁口腔，并且让宝宝面对镜子，教导宝宝刷牙的顺序：先刷牙齿外侧、再刷内侧，最后刷咀嚼面，每颗牙齿都要轻轻地来回刷十下。平时也可借由阅读绘本、做替布偶刷牙的游戏，鼓励宝宝了解牙齿清洁的步骤并自己练习动手。

不过，因为这个时期宝宝的手部协调性还稍显不足，对于过于精细的动作还无法做得非常准确，因此，爸妈仍必须在宝宝自行练习完后，再帮宝宝清洁一次牙齿。

宝宝长牙的顺序

宝宝长牙时除了会出现各种不舒服的状况，困扰着宝宝本身也困扰了爸爸妈妈，还会有许多爸爸妈妈盯着数宝宝的牙一面担忧，一面不知道宝宝的牙齿是什么时间该长？先长哪颗牙再长哪一颗牙？

一般来说，宝宝的二十颗乳牙全部长齐的时间在两到三岁之间，顺序是先从下排牙床的最中间两颗于六到七个月大时长出，再长出上排牙床的最中间两颗；接着在宝宝七到八个月大时再长出上排牙床第一门齿的两侧门齿，才继续长出下排牙床第一门齿的两侧门齿。

再来是在牙床稍后方的部位长出四颗第一臼齿，在一岁到一岁三个月大时长出；接着在一岁半到一岁八个月间长出第二门齿两侧的犬齿；最后才在二岁到三岁时陆续长出位于第一臼齿后方的四颗第二臼齿。

基本上，乳牙生长的时间提早或延后，经常是源自于基因上的个体差异，但爸妈应该还是要特别注意这个表列的参考时间，假如宝宝的长牙顺序不正常，过了参考时间已经有一阵子，却明显漏掉某些牙齿还没有生长，或超过一岁仍未长出任何牙齿的宝宝，就必须尽快带到专业的牙科医院做检查，以X光来看宝宝的牙床是否有牙胚或其他如孪生牙等问题。

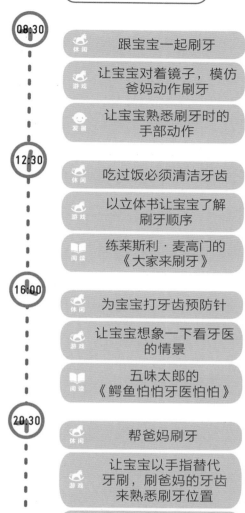

给宝宝的刷牙练习

08:30
- 休闲　跟宝宝一起刷牙
- 游戏　让宝宝对着镜子，模仿爸妈动作刷牙
- 发展　让宝宝熟悉刷牙时的手部动作

12:30
- 休闲　吃过饭必须清洁牙齿
- 游戏　以立体书让宝宝了解刷牙顺序
- 阅读　练莱斯利·麦高门的《大家来刷牙》

16:00
- 休闲　为宝宝打牙齿预防针
- 游戏　让宝宝想象一下看牙医的情景
- 阅读　五味太郎的《鳄鱼怕怕牙医怕怕》

20:30
- 休闲　帮爸妈刷牙
- 游戏　让宝宝以手指替代牙刷，刷爸妈的牙齿来熟悉刷牙位置
- 阅读　中江嘉男《鼠小弟刷刷牙》

给爸妈的贴心建议

帮宝宝刷牙的姿势

　　帮宝宝刷牙时，除了需要营造愉快的刷牙气氛、让宝宝喜欢刷牙外，爸妈可坐在床边，让宝宝把头枕在爸妈腿上来刷牙；待宝宝年纪大些，爸妈就可坐在宝宝身后，将宝宝的背靠在爸妈小腹上，将头轻轻向后仰，就可以清楚看见宝宝口腔的每个区域来做清洁。

细究宝宝出汗的原因

出汗是指人体通过皮肤蒸发水分，以调节身体的体温，是人体一种必要的生理机制。但宝宝似乎总是还没有玩得很厉害，就冒出一身汗，或者睡觉时明明已经开着空调，却还总是满头大汗？

在正常情况下，宝宝和成人一样靠着流汗调节体温，例如：夏季气候炎热、玩耍跑跳、穿得太多，或睡觉时被子盖的太厚、睡前喝了较热的奶粉等原因，就会出汗。

但是宝宝的新陈代谢较快、神经系统尚未发育完全，体温也比成人高，使得宝宝怕热、稍微动一下就容易流汗，通常只要安静下来，出汗的现象自然就会消退。此外，宝宝在刚入睡时，头颈部出汗也是常见的现象，等宝宝进入熟睡状态后，出汗的情形就会渐渐减少。因此，宝宝多汗大多是正常的。

除了正常的出汗原因，宝宝也可能会由于某些疾病引起出汗过多，表现为安静时或晚上入睡后，汗多到可弄湿枕头和衣服，就可怀疑是否罹患了佝偻病、小儿活动性结核病、血糖过低、吃退热药物过量、过度兴奋及恐惧，这些都可称作病理性出汗。

宝宝的病理性出汗，多见于缺钙引起的佝偻病，让宝宝时常感到烦躁、喜欢哭闹、不易入睡，头上出汗比较多，还伴有一定的骨骼畸形，需要及时治疗，再解决出汗多的问题。

究竟是因为什么情况造成多汗，爸妈可以通过以下几点来辨别：①佝偻病一般是在入睡的前半夜，头部明显多汗，深睡之后比较少；结核病或其他慢性消耗性疾病则会通宵多汗，也叫盗汗。②多汗的同时枕秃、出现方额头等骨骼状况，一般是佝偻病；多汗造成食欲减退、形体消瘦等，则有可能是结核病和其他慢性消耗性疾病；多汗伴随骨关节肿痛、心律增快等症状，有可能是风湿病。

另外，不管宝宝是由于何种原因多汗，都要为他们补充因多汗而流失的锌，要让宝宝多补充含锌丰富的食物，例如：蛋、肉、豆、花生等，还应该多到户外晒太阳补充钙质。

佝偻病的防治

佝偻病俗称软骨病，是婴幼儿时期常见的一种慢性营养不良性疾病，会严重影响宝宝身心的健康成长，因此爸妈应详细了解，并着重预防。

佝偻病一般病况表现有烦躁不安、浅眠易醒、多汗、颅骨软化，或长牙齿长得特别慢，长出的牙齿也形状细小无光泽。严重者除了以上的症状之外，也容易出现鸡胸、下肢畸形呈"O"或

"X"型腿、脊柱弯曲等症状。

由于佝偻病是因为维生素D缺乏，影响食物钙质吸收、使钙磷摄入不足导致的，因此爸妈应该多让宝宝晒太阳，在十点半前或四点半后让宝宝每天在户外活动一个小时左右，使宝宝能够借由自己身体合成维生素D，如果遇到春冬季节不能外出活动，就要额外考虑适量补充维生素D以满足身体需求；或者也可以给宝宝补充肝脏、蛋黄等维生素D含量丰富的食物。并且要特别注意宝宝是否生长较其他同龄宝宝快，如果宝宝生长速度比较快，从母乳或配方奶中摄取的钙质不能满足骨骼生长的需要，就会缺钙，也可能引发佝偻病，就要针对钙质来补充。

但要特别注意的是，爸爸妈妈不要盲目就给宝宝补钙。虽然缺钙多数表现为枕秃、多汗等疑似佝偻病的症状，但不能仅从这两项就断定宝宝一定是佝偻病。最保险的办法是带孩子到医院去仔细检查，听从医师的建议来处理，盲目补钙或维生素D只会引起不良后果。

宝宝的出汗护理

为了避免宝宝因出汗过多，汗液聚积在皮肤的皱褶处、蒸发不完全，导致宝宝起痱子，爸妈需要为宝宝仔细找出出汗原因。

首先，要检查环境是否通风、室温合宜，或者宝宝的衣服被子是否穿得或盖得太厚，造成宝宝出汗？其次，要及时脱掉宝宝被汗液弄湿的内衣、内裤，以免因潮湿的衣服吹风受凉，再替宝宝洗澡、擦干，换上纯棉或透气吸汗的衣服。最后，要适当地使用空调和风扇，并且给宝宝补充水分，避免脱水而导致虚脱。

给爸妈的贴心建议

出汗引发的汗疹

宝宝的皮肤细致脆弱，出汗让皮肤处于潮湿状态，身体活动时一摩擦就容易出现汗疹。

当宝宝出现汗疹，就应勤帮宝宝擦汗、保持皮肤干燥，通常症状轻微的汗疹只要让宝宝待在凉爽的环境，并且仔细照料，两三天后汗疹就会消失。但汗疹若是反复发作，会因宝宝的抓痒而更加严重，很可能会并发细菌感染，使得疹子变红且硬，这时就需要通过看诊擦药来控制了。

为宝宝照护日常

为如同白纸的宝宝耐心引导，建立规矩

宝宝从出生以来到进入学校求学前，大部分的时间都处在家庭环境里，日常生活也多是由爸妈来照料，因此，爸妈需经由无微不至的照顾，让宝宝充分感受到家庭的温暖，使宝宝身心健康发展，快乐并茁壮地长大。

如何预防宝宝摔伤和烫伤？

天性好动的宝宝到了这个年纪，像个探险家，正处于对周遭环境充满好奇、活动力旺盛、活动范围大幅拓展的时期，喜欢爬上爬下、探索高低，或者想模仿其他高龄孩子的动作。但发生在宝宝身上的意外事故：诸如烧烫伤、吞入异物、意外中毒、溺水等意外发生的概率就因此大大地提高了。

对不经事的宝宝来说，家就是他生活的重心，是最温暖和安全的地方，不过，同时也是事故伤害发生概率最高的场所。因为家庭环境的设计和摆设，普遍来说原来就是为成人的需求而设计的，不适用于宝宝，若是再加上照顾者的疏忽，往往就容易造成意外的发生。

根据调查，在家庭中最常发生事故的地点是客厅，依序是卧室、浴室和厨房。普遍发生在宝宝身上的意外就是摔伤和烫伤，而对宝宝威胁最大的，就是烧烫伤。

为了防范摔倒，爸妈应该帮宝宝购买

有止滑效果的鞋，为宝宝选择的运动最好是慢跑、捉迷藏、上下楼梯等轻微运动，并且让宝宝远离危险的地方玩耍，避免摆设宝宝可以够到而爬上去的箱子，在窗户上加装安全开关、楼梯口装设护栏，随时锁上以免宝宝摔落。此外也要经常适时调整宝宝小床护栏的高度，若宝宝站起来，护栏高度已不足宝宝高度的四分之三，就有可能因为翻越造成摔伤。

最重要的是，要为宝宝规划在家安全活动的范围，将桌子、柜子整齐靠边放，收起可能会绊倒宝宝的电线、延长线，替插座加上防护盖。注意小东西的收纳及整理并上锁，并为宝宝习惯活动游戏的地方铺上安全地垫。

接着，热茶、热汤和水壶应该放在宝宝够不着的地方，餐桌尽量不铺设餐巾，在厨房烧开水或倒开水时要隔离宝宝，禁止宝宝入内。为宝宝洗澡时要先放冷水再放热水，爸妈需全程陪伴在侧，并确认好水温再为宝宝洗澡。另

外，禁止吸烟人士在家抽烟，不要让宝宝轻易拿到打火机，尽量不用蚊香而改用灭蚊片。

家庭医药箱的准备

爸妈除了积极防止宝宝意外摔伤或烫伤，还应具备婴儿居家意外的处理常识。平时家里最好也准备基本的常备药箱，让爸妈能在宝宝发生意外、送达医院前，把握时间做一些基本处理，就能够有效地降低宝宝的受伤程度。

医药箱中应要常备酒精、碘酒、棉花棒、双氧水、消毒水、纱布、医用胶布、创可贴、消炎药膏等外伤处理医疗用品，以及体温计、烫伤药膏、万金油、手电筒等。另外，在烫伤的当时要谨记先用冷水冲伤口三十分钟，再小心除去伤口上的衣物，接着再以冷水浸泡伤口三十分钟，最后盖上干净的纱布立即送医，切勿胡乱涂抹东西或听信偏方，延误了就医时机。

给爸妈的贴心建议

医药箱的存放

医药箱平时应放置在宝宝碰不到的通风干燥处，每隔半年检查药品是否过期或不足，内服和外用、宝宝和成人的药类最好分开存放，另外也切忌将管状或液状的用品放置在医药箱附近，以免意外发生时因情况紧急而拿错。

宝宝爱吃手指怎么办？

宝宝的成长过程中会出现许多小癖好和坏习惯，例如：不爱刷牙、爱吃甜食、喜欢吃手指等。虽然有些爸妈觉得这样的行为无伤大雅，但其实在宝宝的感知能力和表达能力还不足的时候，许多见微知著的习性都需要父母细心观察，发现问题所在，才能及时引导、纠正宝宝的习惯。

宝宝会出现吸手指的行为，主要是由吸吮妈妈乳头和奶嘴的动作演化而来的，有时候妈妈喂奶的方法不正确或速度过快，没有满足宝宝吸吮的欲望，宝宝就会通过吸手指来满足自己。或是当爸妈工作忙碌而忽略了与宝宝交流时，宝宝也会以玩弄手指来解闷。

一岁半以上的宝宝已经有了一定的理解能力，爸妈可以借此告诉宝宝手指里含有不少细菌和脏东西，容易吃坏肚子，产生疾病。如果宝宝仍旧痴迷，爸妈应该适时地转移宝宝的注意力，如果吸手指表示肚子饿，那么就要定时提供食物，或教导宝宝以其他动作来表达；若是表示寂寞、需要安全感，则爸妈需要多抱着对宝宝说话、温柔地微笑；或者是想睡觉时才吸手指，可以寻找除手指以外的替代品。另外也应该找一些能够锻炼宝宝手指的游戏来玩，例如：挽毛线团、指套玩偶等，让宝宝知道手指的其他用途。

另外，宝宝在三岁之前吸吮手指都是比较正常的现象，因为对于大脑还没有完全发育的宝宝来说，最先是通过嘴来认识这个世界的，常会将触手可及的东西往嘴里塞，甚至吃桌子、椅子，这都是宝宝向外探索的信号。而且大部分的宝宝在满周岁后，这样的行为会自动消失，因为他们已经知道更能满足需求的方式，除非是长时间、每天用力吸吮，且到四五岁还无法戒除的孩子，才会发生咬合不正、嘴唇歪斜、手指变形等问题。

所以爸妈看到小宝宝吸手指，并不需要过度担心，等宝宝满一岁、了解大部分的生活语言之后再适度处理这个行为，并且要找出原因对症下药，切勿操之过急、弄巧成拙。

如何帮宝宝戒奶嘴？

宝宝使用奶嘴的期间是在一岁半左右，当宝宝感到疼痛或焦虑时，吸奶嘴不仅有安抚情绪的作用，还可以训练宝宝练习吸吮的动作。满一岁后，宝宝学会走路、说话，可以探索和了解的范围变大，爸妈就可以尽量减少白天使用奶嘴的时间，最好限制只在宝宝累了的时间才使用。

如果宝宝过度使用奶嘴，比如：一天有超过六个小时都在使用奶嘴，或者吸奶嘴到四岁以上，有可能就会发生牙齿咬合不正、嘴巴形状不佳等情况，甚至可能影响宝宝学习说话的发展或发音。因此，爸妈不要过度依赖使用奶嘴来解决宝宝的情绪，应该多关心宝宝的需求、以耐心陪伴，了解他哭闹的原因。

决定要开始替宝宝戒除奶嘴时，爸妈可以先以渐进式减少宝宝的吸奶嘴时间，白天多和宝宝玩游戏、做活动，为宝宝念一些戒除奶嘴的故事，将专注力从奶嘴上转移，或者为宝宝换一个奶嘴、将原来的奶嘴剪破，让宝宝吸吮起来的感觉不同，使得因为不适应而产生不想吸的念头。但千万不要以抹黄莲或柠檬，或者马上完全不给宝宝等强烈的方式来戒除，以免造成宝宝心理上的伤害。

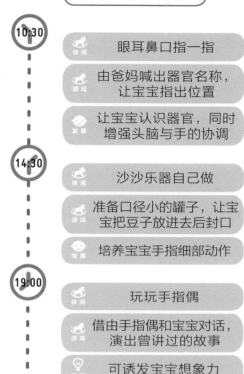

宝宝小手不无聊

10:30

休闲　眼耳鼻口指一指

游戏　由爸妈喊出器官名称，让宝宝指出位置

发展　让宝宝认识器官，同时增强头脑与手的协调

14:30

休闲　沙沙乐器自己做

游戏　准备口径小的罐子，让宝宝把豆子放进去后封口

发展　培养宝宝手指细部动作

19:00

休闲　玩玩手指偶

游戏　借由手指偶和宝宝对话，演出曾讲过的故事

益智　可诱发宝宝想象力

给爸妈的贴心建议

需要安抚的口腔期

不少宝宝喜欢吸吮手指或安抚奶嘴的这段期间，在心理学家弗洛伊德的学说中称之为口腔期或口欲期。这时的宝宝什么东西都喜欢放进嘴巴咬，试图用嘴巴认识所有新事物，并经由口欲的满足来得到抚慰和安全感。

根据研究指出，若口腔期的需求无法获得满足，有可能使宝宝感到受挫，长大后容易变得没有安全感，形成较为偏激和耐性不足等负面性格，只要遇到困难或感到焦虑时，就会出现啃咬指甲、咬吸管等行为。因此，适度地满足宝宝的吸吮需求，是必经的正常历程。

注重宝宝的睡眠习惯

睡眠除了提供充分的休息、恢复精神和体力外，还能有助于脑细胞的发育、促进智力发展。借由睡眠，养分得以在体内进行代谢、吸收、调整及利用，成为生长所需的能源，同时，在熟睡后，让宝宝能够长大的各种生长激素会大量产生。因此，宝宝的睡眠时间和习惯关系着宝宝的身体健康与成长。

睡眠和醒着一样，是一种依赖大脑皮质和皮质下神经的活动来调节的生理过程。睡眠时由深、浅睡眠相互交替，一般每两三个小时交替一次，每晚会有三四个深浅睡眠交替周期。但宝宝与成人不同，是由深睡期先开始进入浅睡期，并且深浅睡眠转换得不太顺利，让宝宝通常处在浅层睡眠状态，因此，宝宝可能会在深浅睡眠交替过程中出现轻微哭吵、躁动等不安的现象，有的宝宝还会在睡梦中惊醒。然而睡眠时间不足或品质不佳，会影响宝宝情绪，使宝宝出现躁动、爱哭闹的情形。

怎样才能让宝宝安然入睡呢？

宝宝并不是与生俱来就有着和大人一样的生活节奏，通常要到六个月大以后，才逐渐建立起规律的睡眠周期。并且随着年龄增加，宝宝每天的整体睡眠时间会渐渐缩短，睡眠周期逐渐延长，浅睡期相对减少，夜间睡眠时间拉长，昼夜节律也慢慢形成。此时爸妈就应该替宝宝做好生活作息规划，计算宝宝的睡眠时间，准时送其上床睡觉。

在通常情况下，一岁半到两岁的宝宝每天需要睡眠十三个小时，一般是晚上睡眠十一到十二个小时，下午睡眠一两个小时。要让宝宝安然入睡，就必须要在睡前一小时就做好准备工作，比如：给宝宝洗漱、脱衣服上床、哼唱摇篮曲、阅读睡前床边故事、把宝宝的玩偶放在他身边等，宝宝熟悉了这些动作之后，也会变成以后睡觉的条件反射。

初次训练宝宝睡觉的时候，可以不用关门，而是让宝宝在床上能够隐隐地听到爸妈的声音，产生安全感，他才会更好地入睡。

宝宝做恶梦了

一般来说，宝宝从刚出生就有做梦的活动，只是一岁之前没有语言能力无法表达。等宝宝过了一岁有基础的表达能力了，爸妈自然能从宝宝哭泣或零碎字词里拼凑出做恶梦的征兆。

爸妈应先分清楚宝宝是夜惊还是恶梦。夜惊通常发生在睡眠前期，宝宝会忽然大哭大叫，最后却莫名其妙地又睡着，完全不记得做了什么事。通常个性外向的宝宝比较容易出现这样的症状，但这样的状况会随着宝宝的年纪增长、建立正常的睡眠规律后就会逐渐消失。若是做恶梦则通常会记得恶梦里的内容。

如果宝宝做恶梦了，爸妈除了仔细聆听恶梦的内容，并以拥抱和言语来安抚宝宝，也可以想办法为宝宝的恶梦编造一个愉快的结尾，好让宝宝在安心并有所依靠的心情下摆脱恶梦的困扰。

同时，爸妈也应为宝宝的恶梦找出原因。是否宝宝正逐渐认识到妈妈不可能一直在身边并以他为主，这样的不安全感造成宝宝做恶梦；或是环境、人物的变迁及更换造成宝宝感觉到压力，例如：搬家、换了幼儿园的新老师等；又或是白天的活动或刺激过多；甚至是睡前爸爸妈妈为了吓阻宝宝说的恐怖故事等，都是造成宝宝做恶梦的原因。爸妈

应该从源头开始解决才能真正遏止宝宝做恶梦的根源。

为宝宝建立睡眠标准作业程序

20:30

- 预备带着宝宝开始执行
- 大手牵小手，刷牙洗脸维持清洁
- 让宝宝在睡前小便
- 换上棉质的睡衣睡裤
- 为宝宝阅读一小则床边故事
- 和宝宝互道晚安

21:30

- 准时关灯，退出宝宝房间
- 只要宝宝一上床，就必须坚持除非上厕所，否则不能下床
- 假使宝宝因恶梦惊醒，可在床沿安抚宝宝一会儿

给爸妈的贴心建议

评估宝宝的睡眠品质

宝宝的口语表达能力还不足，有时无法让爸妈理解他的睡眠情况，爸妈可以借由几点表现来观察宝宝是否睡得安好。如：宝宝可以高兴、慢慢地醒来，并表现得感到快乐、满足，情绪稳定，食欲、体重成长也正常，那么可以推论宝宝睡眠品质不错。

若是宝宝出现专注力下降、显得脾气烦躁、疲倦，爸妈就可以考虑是否应该延长宝宝的睡眠时间，或是从睡眠环境和入睡方法来改善宝宝的睡眠品质。

宝宝睡觉打呼，是坏事吗？

有些宝宝在睡觉时总会发出打呼声，大多数的爸妈常常觉得这是代表宝宝玩耍得尽情畅快，这样才代表熟睡，但其实这样的想法并不对。

人体呼吸道的任何一处，只要有阻塞都可能造成打呼，最常见的打呼原因是由宝宝鼻孔里堆积太多脏东西造成的。这种打呼状况的特色是宝宝活力、食欲都很好，只要注意宝宝呼吸的空气干净、使灰尘减少就可改善。

其次是口水、气管分泌物较多，常常在呼吸道里打转，有时有打呼声有时没有，一般来说，只要宝宝把痰或口水咽下去之后，打呼声就会停止了。

特别要注意的是软喉症，它是一种常见的宝宝先天性喉部异常，是因为喉部的构造较软，所以呼吸的时候结构塌陷造成部分阻塞。一般来说这并不影响宝宝的生活，但若是造成宝宝体重无法增加、时常呛奶，就需要给医生评估是否进行手术。

其他引起宝宝打呼的主要原因则有慢性鼻炎、鼻窦炎、扁桃体、腺样体肥大，鼻子、颌面部畸形以及肥胖等，而其中最常见的是腺样体、扁桃体肥大。如果宝宝出现上呼吸道感染，腺样体会发炎增大，鼻咽部通气受阻，于是造成打呼。

除了上述原因，还有可能是宝宝的奶块淤积、睡姿不良或身体肥胖造成打呼的。宝宝喝完牛奶后，要把他抱起来轻轻拍背部，严重的时候，爸妈可考虑往鼻腔里滴一两滴生理食盐水，稀释奶块。有时候宝宝睡姿不好，舌头过度后缩阻挡了呼吸通道也会打呼，让宝宝侧睡就会减轻症状。肥胖宝宝的呼吸道周围会被脂肪填塞，引起打呼，在进行安全健康的减肥之后应该会有所好转。

因为打呼会导致长时间呼吸不顺畅，身体会慢性缺氧，影响发育。如果爸妈发现宝宝在白天玩耍时也会出现张口呼吸、鼻子堵塞的情况，就应该及时去医院治疗。作为预防，爸妈平时要多注意增强宝宝的体质，减少上呼吸道感染的概率，多带宝宝出去晒太阳、呼吸新鲜空气。

宝宝磨牙了，怎么办？

有些宝宝在晚上睡着磨牙的声音，响亮得连爸妈都睡不好觉，有时连宝宝本身也会听见，连带影响了睡眠，也容易因为肌肉过度疲劳，使宝宝说话和吃饭产生负担、牙齿受到损害，引起牙本质过敏，遇到冷热变化或酸性食物就会牙痛，该怎么办？

磨牙是由咀嚼肌的持续收缩引起的，是一种不具备功能性、反复咬磨牙齿的行为，可以阶段性出现或每晚都发生。夜间磨牙和白天吃饭咀嚼食物产生的牙齿磨擦不同，咀嚼食物时，牙齿间有食物作为缓冲并有口水的润滑，可以减少牙齿磨损；夜间磨牙则没有，使得牙齿磨耗严重，影响牙齿美观、降低牙齿咀嚼功能。

而宝宝的磨牙诱因有：患有肠道寄生虫疾病，引起消化不良、神经兴奋；宝宝睡前过度嬉戏、看了情节惊险刺激的电视节目；受到爸妈粗暴的责骂，引起神经紧张、压抑、不安和焦虑；因为宝宝晚餐吃得太饱，睡觉时刺激了肠胃神经，做出咀嚼反应；宝宝有挑食的坏习惯，造成营养不均衡、各种维生素缺乏，引起咀嚼肌不由自主收缩；宝宝有牙齿发育不良、口腔疾病或者正在长牙产生牙龈疼痛酸胀，为减缓刺激带来的不适等，都是磨牙的原因。

因此，如果宝宝出现磨牙的情况，爸妈应该针对个别原因处理，为宝宝补充维生素D或钙质、做蛲虫筛检，或是让牙科医师做牙齿检查；同时，磨牙期间宝宝吃饭应该要定时定量，尽量少吃油腻、煎炸及辛辣的食物，特别注意食物的均衡摄取，睡前活动也应该以缓和为宜。

预防打呼的发生

许多疾病讲求防范于未然，那么没有疫苗可打的打呼呢？

爸妈先从家居环境的装修开始要求，尽量使用绿色环保的装修材料，避免宝宝鼻炎的发生；宝宝可以考虑用淡盐水漱口，以预防扁桃体发炎。

晚上睡觉时为宝宝盖好被子，防止受凉，如果家里的大人出现感冒症状，应与宝宝进行隔离，避免传染；感冒季节开始时，勤洗手、减少到公共场所的机会，必需外出时为宝宝戴上口罩。

此外，还可以鼓励宝宝养成规律运动的习惯，增强体质，提高身体的抵抗力。

给爸妈的贴心建议

打呼还是睡眠呼吸中止症？

睡眠呼吸中止症是一种睡眠时停止呼吸的睡眠障碍，也会造成打呼。对其最准确的检验方式是进行睡眠呼吸功能检查，但也可在家先自行采取简易的方式：持续观察宝宝睡觉一个小时，并注意打呼声是否很大声，接着出现不呼吸的情形持续十秒以上，就代表有睡眠呼吸中止的问题，需要积极就医。

○消暑解热

宝宝的抗夏对策

为宝宝预备对抗各种不适的夏日保健

夏日气温升高，蚊虫滋生，也为宝宝带来不适，变得容易流汗、情绪浮躁，新陈代谢也相对增强，需要及时补充水分和营养。但气温的变化也会带来口味的变化，造成食欲减退，此时爸妈就要为宝宝准备清爽开胃的食谱。

防治宝宝夏日常见疾病

夏季高温考验着宝宝的承受力，容易引发各种暑热和皮肤疾病，爸妈应该在饮食和生活卫生方面做好防护工作，并为宝宝容易受到蚊虫叮咬和日光侵害的娇嫩皮肤提早做好防晒抗暑准备，外出时一定要记得涂抹防蚊液与防晒乳。

同时，家里要常备藿香正气液、花露水、人丹、十滴水、风油精等防暑、防蚊、防痱的良药，以备不时之需。

夏天也是宝宝中暑的高发季节，爸妈要注意根据气温帮宝宝增减衣服，可以预备一些爽身粉替宝宝扑上，保持身体干爽。同时要注意保持室内通风，对活动量大的宝宝要以适当地逐步补水的方式喝水，避免一下子喝太多水，身体无法及时补充盐分。并且不要让宝宝在烈日下玩耍，避免皮肤晒伤。

另外，夏天极易滋生细菌，以致于食物容易腐败，因此，爸妈要特别注意宝宝的食物保鲜。特别要带着宝宝一同勤洗手，餐具碗盘也要随时保持清洁，避免细菌感染，引发腹泻、腹痛或肠胃炎。

出汗也是夏天常见的症状，不容小觑。它虽是身体内的一种正常生理表现，为了调解体温而生的机制，但不注意补充水分，容易造成脱水。宝宝处于生长发育阶段，生理代谢旺盛，神经系统调节功能不是很健全，就会盗汗，但这只是一种生理性多汗。生理性多汗的宝宝在吃热的食物时、夏季温度过高、衣服穿太多或过紧、四肢活动时、精神紧张或感到恐惧时都会出汗。这种情况下，只需要给宝宝多补充水、穿宽松的衣服、适温的食物就可以了，并不需要特别担心。

出汗出得多，相对营养流失得也多，此时爸妈应该考虑为宝宝增加食物的供给，例如：牛奶、新鲜的蔬菜和水果等，或者变换食材给宝宝消暑解热。

值得注意的是，室内温度不宜和室外的相差太大，达到防暑纳凉的效果就可以了，不能一味为了解热使得温度过低，否则宝宝在两种环境里来回活动，调节体温不易，非常容易伤风感冒。

宝宝肠胃炎，怎么吃？

肠胃炎常见症状为腹泻、发烧、食欲减退、哭闹不安等情形，除了要注意宝宝有无脱水现象，多补充水分和电解质外，饮食部分还应少量多餐，以清淡的稀饭或白吐司为主，避免油腻和甜食，还可多吃苹果来帮助缓解腹泻症状。

给爸妈的贴心建议

宝宝中暑怎么办？

如果宝宝测量体温超过38℃以上，并且出现皮肤红润，但是触摸起来干燥温热，伴有烦躁不安、不停哭闹，呼吸及脉搏加速，甚至有倦怠、抽搐的情形，就有可能是中暑了。

这时应该立刻将宝宝移到阴凉通风的地方，解开宝宝的衣服，并利用风扇降低周围环境的温度，以便尽快散热。同时用毛巾沾温水轻拭宝宝全身，或用凉凉的湿毛巾冷敷头部，帮助宝宝排热，降低体温。

多喂宝宝喝一些冷水，让身体补充足够的水分，必要时可补充电解质，但有呕吐或意识不清时，则勿强迫给水。如果宝宝休息过后，还是活动力不佳、有不舒服的反应，最好还是就医检查。

夏天如何预防痱子

夏季里烈日骄阳，温度和湿度大幅增加，常常让人汗如雨下，这时若不好好保持清洁和干爽，就容易出痱子。尤其是汗腺功能还发育不完全的宝宝，排汗功能较差，加上成人经常担心宝宝受凉，往往替宝宝穿太多衣服，长痱子的情况更常见。

痱子主要是因为夏季气温高、湿度大，身体出汗过多不能及时蒸发，导致皮肤的汗腺出口闭塞、汗管破裂，造成身体无法正常排汗，汗液渗入周围组织引起皮肤发炎的一种症状，主要表现是小丘疹、小水泡，会发痒、发红，且有肿胀及灼热感，令人难受。

通常容易长在皮肤折叠、容易相互摩擦的地方，例如：手肘、腋下、膝盖窝、鼠蹊部，或下颚、前胸、上背等。还有小婴儿包尿布的部位，也容易长痱子。

夏季宝宝长痱子不仅宝宝难受，妈妈也很烦心，如果抓破了痱子还容易引起皮肤感染而变成脓疱。要怎样预防宝宝长痱子呢？痱子的滋生条件就是"热"和"湿"，爸妈要在这两方面做好防护工作。

首先，保持室内通风，气温过高时可适当使用电风扇和空调；不要给宝宝穿太多的衣服，这样容易造成闷热流汗，皮肤湿润；要让宝宝保持皮肤干燥，最好给宝宝换穿凉爽又透气的纯棉衣服。其次，要帮宝宝勤洗澡、勤换衣、勤剪指甲，洗完澡后还可以帮宝宝擦些爽身粉，帮助保持皮肤干爽；对于比较好动的宝宝，最好将头发剪短，避免额头出汗长痱子。最后，还要给宝宝多喝水、吃西瓜、菊花茶等清热解毒的东西。

一旦出现了痱子，除了减少在大热天里活动的机会，避免阳光照射，还可以在洗澡水里倒入半瓶十滴水给宝宝洗澡，不要使用香皂或者沐浴乳，只用清水洗净全身就好。然后擦干宝宝的皮肤，在长痱子的地方涂抹捣碎后的六神丸。另外，花露水、菜瓜水、黄瓜片、藿香正气胶囊对祛痱止痒也有疗效，一般只要不再出汗，保持凉爽，一到两周内就会自行痊愈。

夏日预防蚊子叮咬

夏天最令爸妈困扰的莫过于侵扰宝宝的蚊虫，因宝宝被蚊子叮咬的次数少，耐受度不佳，容易留下又红又大的肿包，多数会在几小时后消肿。而宝宝的免疫系统未发育完全，若抓破皮容易导致细菌感染，严重的会导致蜂窝性组织炎，要尽量避免宝宝去抓它，并且可用冰敷来降低痒的感觉，市面上贩售的万金油等有凉爽效果的产品也可达到止痒的效果；但有些止痒药膏所含的成分对婴幼儿的皮肤属刺激物质，不能随便给宝宝使用。

不忍心宝宝受这样的折腾，爸妈应事先做好防蚊工作，除了远离蚊子大量出没的地方、为宝宝选穿浅色系的衣物、多搭配薄长袖外套及薄长裤，还能怎么做才最有效果呢？

一般来说，建议以蚊帐、灭蚊灯、电蚊拍来防蚊，但若有其他局限，还可以有适合的其他选择：如果宝宝不适合用防蚊液的话，可以选择防蚊贴，但是如果宝宝容易流汗，时效可能没办法很持久；电蚊香的防蚊范围大一些，但通常气味不是很好，只有使用一段时间才有驱蚊效果，使用时要间隔30厘米以上的距离，避免吸入过多电蚊香的气味；防蚊液擦上就立即见效，但爸妈和宝宝不可共用一瓶防蚊液，因成人防蚊液中有些含有太过刺激肌肤的成分，不适合

宝宝使用。同时爸妈也需注意幼儿是否会有咬手指的行为，有的话也不建议使用防蚊液。若发现开始有蚊子停在宝宝身上时，则需再次补擦。

是痱子，还是湿疹？

痱子和湿疹大致看起来很相似，其实它们的起因和病理表现上是不同的。

湿疹是一种皮肤的发炎反应，在发病部位会有红肿、水泡、脱屑，严重时会有组织液渗出；形成的原因复杂，大多时候是因体质关系，接触到过敏原才长出湿疹，没有季节性可依循，只能依靠日常生活经验察觉和验证，无法检验。痱子则大多见于夏季，因汗液蒸发不顺堵塞了汗腺，造成周围发炎。

二者好发部位也不同，湿疹多见于宝宝的面颊、前额、耳后。痱子则多见于宝宝的皮肤皱褶处和多汗部位。

给爸妈的贴心建议

爽身粉和痱子粉的不同

痱子粉和爽身粉外观相似，主要是在成分和作用功效上有差异。

痱子粉含有薄荷脑、水杨酸，用于止痒、消炎、杀菌、预防痱子产生。

爽身粉则没有这两种成分，但有痱子粉禁放的硼酸，相较之下对宝宝皮肤的刺激性更小。主要用在保持清爽、吸收汗液，但对于痱子就没有针对性的功效。

夏季的提振食欲对策

在这个气温屡创新高的炎夏酷暑里，炙热的温度很容易让人觉得躁动、没有食欲、吃不下饭，对于发育尚未完全的宝宝也是一样。妈妈这时都会担心宝宝因为少吃而缺乏营养和能量，使得健康和发育受到影响。

夏季里除了闷热导致身体感觉不适，使得宝宝没有食欲之外，如果经常流汗，水分又摄取不足，会造成唾液分泌减少、产生口渴的感觉，也容易让宝宝变得没有胃口。

还有包括食物温度太高；让肠胃敏感的宝宝食用了已轻微变质的食物，造成宝宝肠胃不适；吃太多冰品或饮料，让宝宝体内的血糖升高，抑制了饥饿感；或者因为太热以至于活动量减少，这些都是宝宝食欲不好的原因。

为了防暑去热，爸妈应该在宝宝进食的细节上下点功夫，注意宝宝夏天的食物以口味清淡、少油腻、加工少、清热去火为原则。并且宝宝在夏天容易流汗，营养流失得比较快，可让宝宝采取少量多餐的进食方式，并及时逐步地补充水分，效果要比一次性大量的喝水效果来得更好。

如果宝宝食欲不佳，不妨在早餐上加量，早晨是一天中食欲相对最好的时候。之外，也可以让饭菜稍微凉了之后再给宝宝吃，或者让宝宝少吃饭、多吃菜，多食用味道酸的水果，比如：猕猴桃、菠萝来帮助提振胃口，这样更容易进食。

另外还可以准备一些清凉又特别的餐点，时常翻新做菜的花样，在菜的颜色和形状上变花样更容易引起宝宝的兴趣，例如：将胡萝卜切成可爱的星形或花形，或者将米饭做成可爱的动物形状等，最好每天都能有不同的菜色。

一般来说，凉拌、蒸、煮的菜会更符合夏天的口味，例如：凉拌黄瓜、蒸茄子、蔬菜瘦肉粥，或者用新鲜的蔬菜水果加入口味酸甜的优格，做成沙拉给宝宝吃，以刺激宝宝食欲。要清热下火，绿豆汤、荷叶粥、银耳汤也很适合夏天熬给宝宝喝。与此同时，也要多注意冷却过程中的保存方式及新鲜程度。

预防宝宝夏季感冒

夏日气温节节升高，随着经济发展和物质生活的改善，现今的生活水准不断提高，几乎家家户户都装设了冷气，到了外面的许多公共场所也开放了冷气为人们消暑。

为了让宝宝舒服地度过高温季节，许多爸妈喜欢在家长时间开着冷气和风扇，或带着宝宝到卖场吹冷气贪凉，再给宝宝喝些冰凉的饮料，从身体里到外都是凉的，结果从凉爽的家里或超市过渡到闷热的户外，室内外温差过大，宝宝很容易就得了热感冒。

热感冒通常是冷热交替太过频繁，以致体温调节不过来所导致的，会造成头痛、头晕、口干舌燥、体温偏高、四肢无力、食欲不振、咳嗽、喉咙痛等类似感冒的症状，如果猛喝冰水还会刺激肠胃，引起腹泻。

要为宝宝预防夏季热感冒，爸妈应该要注意，带着宝宝要从高温的户外环境进入室内温度较低、温差落差较大的地方时，应该先到阴凉处让身体自然降温，等到不那么燥热时，再进入冷气房或吹电扇；家里的电风扇或冷气风口应该要避免直接对着宝宝吹送，也可以在进到冷气房时，为宝宝准备一件薄外套防风；没有节制的喝冰饮料也是导致夏天感冒的重要环节，会造成体内温度快速下降，刺激肠胃、造成腹泻，爸妈应

该给宝宝提供凉的开水或凉的绿豆汁、仙草茶，来帮助身体清热消暑。

除此之外，还应该要带着宝宝勤洗手、勤换手帕，注意不让宝宝用手摸鼻子或眼睛，以免被普通感冒传染。

帮助宝宝维持一定的活动量

夏天里的高温闷热得不适，经常让宝宝感觉躁动不安或疲倦，通常不太愿意活动，但只要爸爸妈妈抓紧时间，多利用上午十点前、下午四点后较为凉爽的时间带宝宝出门玩耍，维持宝宝的活动量，就能借以提升食欲。

即使是在上午十点到下午四点这段不适合宝宝到户外玩乐的时间，爸妈也可以规划带宝宝到室内、有空调的场所，比如：室内游乐场、参观展览地或者游泳池等进行活动。

给爸妈的贴心建议

洗澡对促进胃口大有帮助

流汗时的湿黏感能够让成人感觉非常不舒服，更何况宝宝的汗腺未成熟、新陈代谢强，活动量又高，出汗量较大人多，如果正好碰上用餐时间，也会大大影响宝宝的食欲。

因此，爸妈不妨在用餐前帮宝宝洗个温凉的澡，并让宝宝在浴室里大肆玩乐一番，洗去毛孔上的脏污和黏腻的汗水，让宝宝的身体因水分蒸发而变得凉爽，同时增进宝宝的活动量，一举数得，让胃口因此变得更好。

运动锻炼少不了

强健体魄

适当的运动能让宝宝身体更健康

每个爸妈都希望自己的孩子成长得高大强壮，因为健康的身体是宝宝将来学习、快乐成长的基础，而运动锻炼有助身心健康，尤其是适当的户外运动，不仅能呼吸到新鲜的空气，还能开阔视野、愉快心情，同时增强宝宝的体质，提高免疫力。

宝宝需要适量的户外活动

想象银铃般的笑声与歌声中，宝宝在草地上欢快地奔跑着，是多么和煦的景致。

繁忙的活动是宝宝身体发展的需求，活动、游戏就是生活的全部。学会走路之后接着学跑、学跳，反复练习着运动身体的操作技能，也更加喜欢户外活动，连带发展着宝宝的智力和思考能力。

人的生活是离不开大自然的，放手让宝宝参与适当的户外运动，能够让宝宝四肢灵活、身体健康，逐渐由不正确、缺乏协调性、灵活性和抑制力较差，转而朝向灵巧、协调、有抑制力的方向发展。

宝宝在此时获得的不仅仅是身体某一个部位的小肌肉群的运动，而是全身的、牵动整个身体的大肌肉群的活动练习，以及心血管、呼吸等多个系统的功能加强。同时，一个个动作的完成和目标的达到，使宝宝的心理也获得极大满足。

并且阳光可以使宝宝血管扩张、血

流畅通，增强新陈代谢，还能促进宝宝对钙、磷的吸收、预防软骨病、帮助皮肤杀菌；空气能调节人的体温，促进新陈代谢，提高身体的免疫力。在爸妈的照料之下，经常进行户外运动的宝宝个性也会更开朗、更有自信，进入幼儿园之后才能更合群。

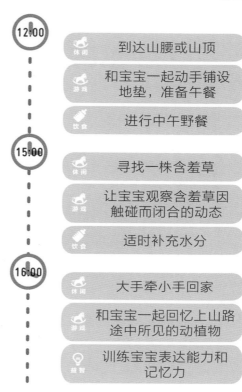

12:00
休闲　到达山腰或山顶
游戏　和宝宝一起动手铺设地垫，准备午餐
饮食　进行中午野餐

15:00
休闲　寻找一株含羞草
游戏　让宝宝观察含羞草因触碰而闭合的动态
饮食　适时补充水分

16:00
休闲　大手牵小手回家
游戏　和宝宝一起回忆上山路途中所见的动植物
益智　训练宝宝表达能力和记忆力

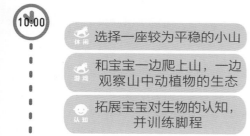

和宝宝一同踏青去

10:00
休闲　选择一座较为平稳的小山
游戏　和宝宝一边爬上山，一边观察山中动植物的生态
认知　拓展宝宝对生物的认知，并训练脚程

给爸妈的贴心建议

带宝宝户外游玩的防护诀窍

　　有些宝宝在户外运动量太大，经常流汗浸湿衣服，引起感冒，身上也时常弄得很脏，让爸妈很抗拒带宝宝到户外玩。其实只要注意做好简单的防护工作就可以了。

1. 冬天在外玩耍时要穿比较防水和耐脏的衣料，最好是连身的衣服，方便脱下，也不容易让宝宝的肚皮着凉。

2. 准备一条毛巾垫在宝宝的背上，把宝宝流出来的汗及时吸收，以防止感冒。要记得在宝宝停止运动时及时取出。

3. 户外活动时给宝宝穿上运动鞋，保护脚又可降低扭伤的概率。

4. 让宝宝的活动在自己的视线范围之内，远离危险的地方，并且帮宝宝准备小点心和水以便及时补充体力。

宝宝的平衡感锻炼不可忽视

在我们积极参与的各种形形色色的活动里，走、跑、跳、平衡、攀登等基本动作，是不可缺少的最基础的活动技能。有时，在一项活动中，包含着若干个基本动作的组合，反映出人的综合活动能力。

人不同于动物，并非生来就会走、跑，能钻爬、攀登和具有良好的平衡能力的行为本能，而是经历了一个很长的学习和练习过程，才逐渐掌握各项基本动作。若是在学龄前期，缺乏必要的训练和培养，宝宝就很有可能出现掌握不了各项基本动作的情况。

因此，为宝宝从小提供各项基本动作的训练机会，让宝宝能很熟练地运用这些基本活动能力去参与探索、创造的活动，是十分必要的。

宝宝从出生到进入小学学习前的这一阶段，是各项基本动作形成的关键期。在这期间，宝宝体力由弱渐强，各项基本动作由不会或不能做，历经不够正确、缺乏协调、准确、活动不自如等状态，朝向灵巧协调、准确自如的方向发展。基本活动能力的迅速提高，具备了学习、练习动作的可能性。

爸妈可以在宝宝基本动作连续发展、形成的过程中，针对训练宝宝平衡的

感觉，此举对身体大有益处。平衡感的建立不仅有助于小脑的发育，还能避免将来对发生位移、旋转的东西感到眩晕。比如：晕车、晕船、晕机，不能坐旋转车等。另外，平衡感好的宝宝，将来也更容易学好舞蹈、武术等健体技能。

日常生活中随处可以训练宝宝的平衡感，夏天当宝宝洗完澡的时候，爸妈可以把他放在浴巾里面，轻轻地摆动，让他学会控制自己的身体不会掉下来。爸爸还可以不时地让宝宝骑在背上玩"骑马"，宝宝要学会调整自己的身体、保持平衡才不会摔下来。出门散步的时候，让宝宝走在窄窄的人行道或者花台上，也能训练身体的平衡。除此之外，走天桥的时候，拉着宝宝的手让他上下斜坡，或者和爸妈在跑道上练习倒着跑，同样也能增进平衡感。

注意宝宝的手眼协调能力

一到二岁的宝宝正处于手眼协调能力发展的关键期，爸妈应该要多观察宝宝的情况，多和宝宝一起做些日常活动、绘图、玩游戏、阅读等，以抓住手眼协调发展的机会。

宝宝的手眼协调能力，指的是手和眼睛两者之间运动的一连串整合的过

程，每个环节都可能影响手眼协调的表现情况。宝宝通过眼睛将所看到的刺激和线索传输给大脑，搭配运动神经和触觉的合作，注意手是否和眼睛视觉同步，分析手的姿势和物品位置的关系，大脑再发出指令到手来操作想完成的一连串动作，需要眼睛和手在活动过程中相辅相成地合作。

在正常情况下，宝宝的这些反应应该是迅速且流畅自然的，也可能因练习不足或者运动感觉有缺失，会表现出手眼协调有困难，无法发现动作和动作计划的错误并加以改正。

因此，爸妈应改掉凡事为宝宝代劳的习惯，容许宝宝不纯熟的动作，要多给予宝宝充分的练习机会，从中尝试错误、累积经验，以避免宝宝动作能力发展不佳，影响平衡感和手眼协调的能力，还能培养宝宝勇于尝试的性格。

在游戏中增进宝宝的平衡感

10:30
- 休闲 螃蟹螃蟹独木桥
- 游戏 用有色胶带贴1米长的直线，鼓励宝宝接着脚跟行走在胶带上
- 发展 训练宝宝走直线的平衡感

14:00
- 休闲 由妈妈配合宝宝高度，边走动边吹泡泡
- 游戏 鼓励宝宝追着把泡泡拍破
- 发展 训练宝宝手眼协调、步伐平稳

16:00
- 休闲 宝宝和妈妈的踢球比赛
- 游戏 由妈妈示范单脚踢球给宝宝，再由宝宝模仿动作回传
- 发展 训练宝宝变换姿势时如何保持平衡

给爸妈的贴心建议

多点鼓励，少点责备

在进行宝宝手眼协调能力训练时，爸妈要遵循循序渐进的原则，根据宝宝的年龄选择适合他们的练习，宝宝成功时要及时表扬，失败了也不要责备，而应鼓励他们继续尝试，要知道练习的过程比结果更重要。

宝宝适合跳蹦蹦床吗?

跳蹦蹦床是一项很好的幼儿健身运动,宝宝学会走路和小跑之后都可以尝试,配合音乐一起跳,更能增添乐趣。跳蹦蹦床跟跳绳一样,但并不像跳绳或跳高那么枯燥,能够强健宝宝的骨骼,促进生长发育,对宝宝有"拔高"的作用;对胖宝宝还能增加活动量,达到一定的减肥作用。

最初宝宝可能会喜欢在家里的沙发上蹦跳,如果有蹦床,它也会是宝宝喜欢的地方。爸妈不用担心宝宝是否会跳坏了腿、损坏关节,只要防止周围有尖锐的物体,站在旁边做好防护工作就可以了。

值得一提的是,跳蹦蹦床可以提供前庭觉刺激,对训练平衡能力有很好的效果。

前庭觉系统是感觉系统之一,负责掌管平衡感,主要的功能为侦测地心引力,接收器主要在内耳。它能感觉头部位置的改变,维持身体的姿势,和平衡及协调能力有关,在撞到东西或跌倒时能即时反应,保护身体。此外,前庭觉系统也和眼球动作、肌肉张力有关。

根据专家指出,对前庭觉刺激调节有问题的宝宝,除了明显平衡感差、动作不协调,肌肉张力通常比较低,也会造成语言上发展的迟缓、手眼协调能力不佳,连带影响到宝宝的阅读、写字、学习专注力和情绪等问题。

因此,给予宝宝适量的前庭刺激,对宝宝是非常有好处的。

刺激前庭觉的方式以直线加或减速度,和旋转加或减速度为主,因此,爬行、摇摆、旋转、跳跃、跑步、秋千、溜滑梯、翻滚等活动,都是促进前庭觉发展相关的重要动作,能够在无形中提供宝宝前庭觉刺激,并在反复的激发、协调、修正中,就能够逐渐造就平衡感佳、反应灵敏、动作敏捷、情绪稳定的宝宝。

此外,需要注意的是,一岁半到两岁的宝宝最好不要和大孩子一起跳蹦蹦床,以免别人的反弹力让宝宝摔倒或者闪腰。跳蹦蹦床一次以十五分钟为限,跳的时候也尽量不要说话,以免宝宝咬到舌头。

宝宝适合使用滑步车吗?

滑步车又称为平衡车,在欧美国家盛行多年,几乎每个在欧美成长的宝宝都有一辆。

这种没有刹车、辅助轮及踏板的滑步车,外观和脚踏车非常相似,但车身比脚踏车扁、轮胎宽大、低重心,能够让肌肉和运动神经未发育完全的宝宝比较容易控制。同时，滑步车的重量较轻，车身外观大量减少突出零件、多以圆角设计为主，能够提升安全性，可说是特地为宝宝学习骑车而改良的产品。

训练宝宝使用滑步车好处多多，除了主要诉求用以训练宝宝的平衡感之外，还能训练双腿运动能力及双手双脚协调性，增进应对刺激的反应，并从中学习如何在危险里保护自己的方法等，促进宝宝建立成就感、自信心及独立性。

值得注意的是，爸妈不应太早让一岁半前的宝宝接触滑步车，以避免宝宝的大小腿肌肉发育不均匀；并且务必注意高度问题，宝宝在椅垫上必须能双脚平踩支撑车体才是适合的高度。使用时也一定要挑选安全的场所，有爸妈陪同时才能使用。

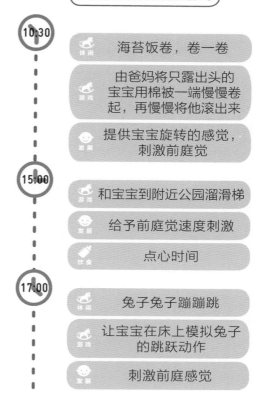

宝宝的前庭觉刺激游戏

10:30

休闲 海苔饭卷，卷一卷

游戏 由爸妈将只露出头的宝宝用棉被一端慢慢卷起，再慢慢将他滚出来

发展 提供宝宝旋转的感觉，刺激前庭觉

15:00

游戏 和宝宝到附近公园溜滑梯

发展 给予前庭觉速度刺激

饮食 点心时间

17:00

休闲 兔子兔子蹦蹦跳

游戏 让宝宝在床上模拟兔子的跳跃动作

发展 刺激前庭感觉

给爸妈的贴心建议

如何教导宝宝跳蹦床？

跳蹦床虽然好处多多，但宝宝在蹦床上跳跃的姿势要正确，必须通过耳听、眼看、身体练习的整合，来感觉动作的要领，以及肌肉的施力程度。因此，爸妈在旁正确地示范，或者口头引导和监督，都是非常重要的。

1. 宝宝跳跃时要抬起头往上，不能低着头猛跳。要做一种往上顶的感觉。

2. 背要挺直，摆动双臂，增加向上的推力。

3. 接触蹦床面的时候微微屈膝，跳起来之后双腿笔直向上。

4. 要站在蹦床的中间，不然容易摔倒。

注意饮食，
让宝宝有好体质

宝宝的日常均衡饮食，
是爸妈应尽的责任

宝宝处在人生第一个快速生长期，需要培养良好的进食习惯，才能身心健康。那么，好习惯要如何养成，如何为宝宝挑选食物，怎样的身高体重才是健康标准？这些都是新手爸妈不可不知的知识。

宝宝挑食怎么办？

每个人都会有几样不爱吃的食物，成人是这样，宝宝也是这样，但光就这件事就能让许多妈妈伤透脑筋。

宝宝对特定食物的偏好，通常在一到三岁的阶段就会开始出现，宝宝接受新食物的意愿会降低，这种情形在一岁半至两岁之间特别明显，轻微者称为挑食，严重的就成了偏食宝宝。

造成宝宝偏食或挑食的结果，常常是多种不同因素所导致的，像是宝宝胃口大小、家庭习惯的口味、喂食习惯，甚至是主要照顾者对进食的态度等，都可能影响宝宝的饮食。因此，要帮助宝宝不偏食，就必须从养成良好的进食习惯开始。

有的宝宝特别偏爱某一种食物或者口味，因而排斥其他食物，这个时候妈妈千万不要以"吃了青菜就奖励一小块巧克力"这样的方法来引诱宝宝，因为这样只会让他认为青菜确实是不好吃的。如果只给宝宝吃他喜欢的食物，他们会不停地吃，引起消化不良和食欲减退，继而引发"积食症"。

对付宝宝的挑食可以尝试很多办法，比如：把宝宝不喜欢吃的食物变小，切碎了和在粥里给他吃；要在食物的颜色、形状和气味上吸引他们，宝宝常把吃饭当做游戏，要有趣才能吸引他们；要在宝宝面前津津有味地吃下所有食物。宝宝的模仿力很强，如果你吃得很香，他们也会模仿；还可以根据宝宝的个性特点，以编故事的方式引导他们吃原本不喜欢吃的食物，假如宝宝很有爱心，就告诉她："苦瓜弟弟因为没有人要吃它，整天愁眉苦脸的，如果你吃了它，它会很开心的哟！"也许宝宝就会尝试一下。

宝宝的食物和进食的方法需要爸妈精心地挑选与合理地安排。每一种食物都含有丰富的维生素、蛋白质等营养素，缺一不可，不能让宝宝染上偏食的坏习惯，否则非常容易引起营养失衡、发育不良，对宝宝的成长不利。身为父母也要引导宝宝亲近健康食物，远离垃圾食品，杜绝宝宝因为不健康的饮食习惯而造成肥胖。

让宝宝健康地用餐

所谓民以食为天，吃进什么、怎么吃，就会呈现在身体健康上。想让宝宝健康地用餐，要从建立规律的用餐时间开始，让宝宝有固定的常规可遵守。

接着妈妈可以依宝宝的行为能力，选择一些可让宝宝参与做菜的事项，满足宝宝的成就感，并让宝宝一周一次选择自己想吃的菜色，给予宝宝选择权，提高宝宝对饭菜的兴趣。

或者也能做一些新奇有趣的菜色，在餐桌上营造出用餐乐趣，创造全家的欢乐时光，让宝宝对用餐产生愉快的认识。

此外，还要温柔而坚定地让宝宝明白餐点没有其他选择，妈妈不要强迫宝宝吃饭，但要限制宝宝餐与餐之间吃小吃与甜食。

给爸妈的贴心建议

稍微容许宝宝挑食

即使是成人，也有无法接受的食物存在，宝宝也是。虽然挑食是种坏习惯，但只要宝宝挑食的食物数量不多，并不是如奶、蛋等食物非常重要，或很难用其他食物代替，那么其实爸妈可以不用太严肃看待。或许宝宝只是暂时性的挑食，等过了一段时间，宝宝还是愿意再尝试的。

宝宝不喝配方奶吗?

配方奶是宝宝断奶后重要的母乳替代品，含丰富的维生素和蛋白质，经由科学计算为宝宝提供阶段性的营养，应该在妈妈准备给宝宝断奶的时候就给他喝，利用每天减少一次母乳、以配方奶作为代替的方式，尽量让宝宝食用。

但许多母乳宝宝都会无法接受这种转换，让妈妈头痛不已。

宝宝不接受配方奶，其实有很多原因。

可能是宝宝还不适应配方奶的味道，一般配方奶的味道比较重，不符合母乳宝宝清淡的口味，引起宝宝拒食。妈妈可以尝试把配方奶由少增多，和母乳混合在一起给宝宝喝，或者尝试在调配方奶的时候适当地调淡一些，也能试试更换配方奶的牌子。

也可能有的宝宝是因为不喜欢由塑胶奶嘴代替妈妈的乳房，这时可以尝试更换奶嘴头，或者先用汤匙喂食，再让宝宝逐渐适应奶嘴。

抑或是宝宝喝奶时，外在环境吵闹、尿布应该更换、环境温度不适当，造成宝宝在喝奶过程中感觉不舒服，此时爸妈应该注意为宝宝营造一个安静、舒适的喝奶环境，才不会因有人走动、嘈杂声打断宝宝喝奶的情绪。

值得注意的是，随着宝宝逐渐成长，四到六个月的宝宝就已进入厌奶期，正好提醒爸妈开始搭配辅食。但厌奶期的时间长短因人而异，有些宝宝到了一岁，还持续厌奶没有结束，又或者因对身边的人事物有浓厚的好奇心，会分散吃东西的注意力，就会常常边吃边玩，或是不想吃，也会出现厌奶的现象。

如果宝宝实在不愿意喝配方奶，妈妈千万不要强迫喂食，其实可以通过适时添加辅食的方式，来给宝宝补足每日所需的营养素。记得辅食的添加原则是由少到多、由稀到稠、由素到荤。要注意水果、蔬菜和肉类的合理搭配，做到循序渐进，营养均衡。

大部分的宝宝厌奶情形其实是正常的现象，只要宝宝的生长发育一切正常即可，爸妈应该轻松一些看待这个现象，陪伴宝宝度过厌奶期。

细究宝宝厌奶的原因

厌奶是绝大部分宝宝都会有的过渡期，主要有两大时期，第一段在四到六个月，第二段则在一岁宝宝的学步期。其可被分为两类：生理性厌奶和病理性厌奶。大多数宝宝属于生理性厌奶，只要为宝宝找出厌奶的原因并解决，就能自然痊愈。

这个时期的宝宝正在进行离乳，进食中的固体食物比例抬高，厌奶的原因可能是因为添加了辅食后牛奶的吸引力显得大不如前。此时妈妈可以让宝宝在牛奶和优酪乳之间交换口味，还可达到整肠健胃的作用；或者用牛奶和其他材料搭配做出好吃的餐点，也可以选择营养成分和牛奶接近的食物例如：豆制品、乳酪等。

有时宝宝其实是食欲不振，排除了肠胃方面问题后，妈妈也可以试着增加宝宝运动量、拉长两餐之间的时间，并且留意是否有难以消化的食物成分。

一般来说，如果厌奶没有影响到正常的身高或体重发展，大多是不要紧的，但如果宝宝的厌奶期过长，对其他

的食物也没有兴趣，造成生理发展迟滞时，就需要立即就医了。

在宝宝的辅食中加入配方奶

有些宝宝接受的辅食种类不多，又不肯接受配方奶，每天只巴望着妈妈再给一餐母奶，这样倔强的态度弄哭不少妈妈。

这时妈妈不妨试试在宝宝的辅食中混入一些配方奶，例如：做成豆腐布丁，或和水果一起打成泥，还可以和蛋拌匀了用白吐司浸饱后，做成软绵的鸡蛋吐司。还可以掺在米糊跟稀饭里给宝宝食用。

等宝宝吃了一段时间没有抗拒，可以考虑再尝试给宝宝单纯喝配方奶。

给爸妈的贴心建议

如何为宝宝选择其他乳制品？

在为宝宝选择其他乳制品的过程中要注意：炼乳、麦乳精等经过精炼浓缩、再造的乳制品里，加入了大量的糖分，而宝宝如果因进食这些而吸取了过多的糖分，会导致蛀牙、影响脑部发育，对生长其实没有好处。

而宝宝在一岁后就可以喝鲜奶了，鲜奶和优酪乳、芝士、优格都是适合宝宝食用的乳制品，对宝宝的身体有好处，可以补钙和预防慢性病。但要注意芝士最好选择较天然的，优酪乳则不要在空腹时候饮用。

为什么应重视宝宝的肥胖问题?

在中国文化里，总是肥嫩的宝宝比苗条的宝宝更讨人喜欢，看着肉肉的宝宝的样子憨态可掬，长辈都会笑咪咪地称赞几句，此时做爸妈的就觉得自己非常能干。

但其实爸妈们应该要注意的是，宝宝肥胖会容易罹患各种疾病，对宝宝的生长和健康不利，甚至影响宝宝正常的身体发育。

肥胖症是日渐普遍的严重问题，在全世界多数地区的儿童中，都呈现有明显的肥胖人口增加趋势。常合并有遗传、环境、生活习惯和饮食等因素，而会造成社交、心理、生长发育、呼吸、心脏血管、骨骼和新陈代谢等各方面的多种问题。

尤其现在人生育得少，饮食精致、不虞匮乏，对宝宝以最高规格喂养，过度喂养导致宝宝吸收营养过剩，造成肥胖。

婴儿和学龄前幼儿时期的肥胖，会使脂肪细胞数目越来越多，和成年后肥胖只是已存在的细胞膨胀、体积变大比起来，增加的脂肪细胞令人担忧许多。

肥胖的宝宝身体不灵活，学翻身、坐起时都较吃力，会使动作发育落后同龄孩子，并且容易罹患呼吸道疾病，稍

微运动就会气喘，也比正常宝宝更容易感冒、咳嗽，心肺超负荷工作也造成心脏功能减弱。根据调查显示，大约有三分之一的胖宝宝都会将肥胖过渡到成人时期，在成年后引发肥胖症，患高血压、冠心病、糖尿病、关节炎、静脉曲张等疾病。

所以爸妈必须从小就要控制好宝宝的体重。

预防宝宝肥胖也有一些小方法，但脂肪不是一天养成的，需要从一点一滴耐心做起。一日三餐要规律，按时按量，杜绝宝宝吃不健康的零食、糖水饮料，断绝挑食、外食等不良习惯。多吃高纤维食物，遵循少油、少糖、少盐的调味原则，并且吃饭时要细嚼慢咽，最好咀嚼二十次以上再吞下去。不吃油炸、油酥、薯片、奶油等油脂食品。睡前不吃宵夜，饭后半小时进行适当运动。最后需定期检测宝宝体重，以防宝宝体重增加过快。

应该给宝宝食用营养食品吗?

零到三岁是宝宝发育生长的快速期，越来越多爸妈选择在这个阶段为宝宝补充营养食品，帮助宝宝补充维生素、钙等营养，但一到二岁的宝宝许多器官刚发育完

成或还在发育中，如果没有特殊疾病，只要营养均衡、睡眠充足、适度运动、食欲正常，宝宝自然会正常地成长，只要从天然的食物中均衡摄取各类营养素即可，一般来说不必刻意补充营养品。

但是如果宝宝生长发育明显迟缓、长期偏食，已影响生长发育，想要给宝宝补充营养食品的爸妈则应该先询问医生的建议，再适当了解一下常见的宝宝营养品种类，如有助骨骼形成的钙片、需要冷藏的活性益生菌及综合维生素等。而挑选的原则是应该要尽量选择质量合格的产品，购买前也应该看清楚保存期限、建议服用年龄和药品的添加物是否天然无污染等，再以挑选营养品的原则去购买。

此外，营养品并不是补得越多越好，要适量，也不要过分依赖，爸妈应该还是以鼓励宝宝从食物摄取营养为主。

和宝宝的运动游戏

10:30

饭后散步增进亲子感情

吃过早饭后，牵着孩子的小手到家里附近散步

适度进行有氧运动，帮助宝宝消化

14:00

室内排球

准备一颗沙滩球，由宝宝和爸妈在家中的较大空地处互相对传

训练宝宝手眼协调

16:30

到附近的学校操场跑一圈

和宝宝模拟开车的情况，或走或跑带着宝宝比赛一圈

消耗宝宝体内多余的热量

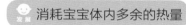
给爸妈的贴心建议

如何正确为宝宝挑选零食？

宝宝学会走路之后，每天的活动量大，但是胃容量又小，所以时常会感到饥饿。在两餐之间适量地给宝宝吃一些健康的零食，有利于获取更多的维生素和矿物质。

为宝宝挑选零食要遵循少糖、少脂肪、少盐的原则，并且给予的量要不干扰宝宝正餐胃口。可以经常食用富含丰富维生素、益生菌、矿物质、膳食纤维的食物。例如：优酪乳、乳酪、自制杂粮蒸红薯、蒸南瓜、煮玉米、豆浆等。

Part3
宝宝的饮食
从饮食做起，
打造健康的根本

1岁宝宝所需营养

此时宝宝的营养所需和
1岁之前有明显差异

这个时期是宝宝出牙的关键时期，宝宝的活动量逐渐增大，语言、思维、对外界的认知能力等都在快速发育。

胃容量增大

幼儿时期宝宝的消化道生理功能与婴儿时期有些不同，宝宝的胃容量增大了一些，能容纳200至300毫升。奶类是宝宝生存必需的食物。

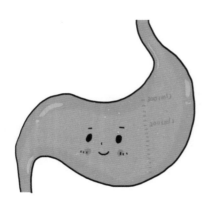

注意营养摄取

宝宝即使断奶的话，也宜借助其他配方奶来代替减少的母乳部分，因为充足的奶类供给，是正常长牙及长高所需的基本保障，若一时之间减少太多，会导致宝宝长牙和长高延迟。

另外，随着淀粉类食物摄入量的增多，磷元素的摄取量也增多，再加上摄入的蔬菜中富含膳食宝宝所需纤维，这些因素都会影响钙的吸收，所以宝宝的日常饮食一定要注意钙的补充。妈妈可将含钙量较高的虾米、鱼虾等剁碎后调入肉馅中，以增加宝宝钙质的摄入量。

牙齿的发育

有的宝宝长到一岁时，就会有6到8颗牙；到了一岁半时，会有12至14颗；两岁时会有16颗牙；到了两岁半到三岁时，20颗乳牙全部长出。

宝宝出生后，如果新手妈妈采取喂母乳的哺乳方式，即使在宝宝的日常饮食中没有加入果汁、蔬菜、淀粉等，只要母乳充足，宝宝也不会缺钙。如果是采取配方奶哺乳的话，因为配方奶和牛奶中的含钙量较高，基本上也能满足宝宝的生长需要。

不过，配方奶或牛奶中所含的维生素D的量较低，维生素D摄取量不足会直接影响人体对钙的吸收，导致进入牙齿和骨骼中的钙不足，最终影响宝宝的生长发育。

宝宝牙齿发育的关键因素

$$宝宝出牙率 = 钙质摄取 \times 足量维生素D$$

1岁宝宝每日所需维生素（宝宝性别存在差异太少，故不计）

男生：		女生：	
蛋白质（克）	35	蛋白质（克）	35
脂肪所占热能的量（%）	25～30	脂肪所占热能的量（%）	25～30
维生素A（微克）	300	维生素A（微克）	300
维生素D（微克）	400	维生素D（微克）	400
维生素B_1（毫克）	0.6	维生素B_1（毫克）	0.6
维生素B_2（毫克）	0.6	维生素B_2（毫克）	0.6
维生素C（毫克）	30	维生素C（毫克）	30
维生素E（毫克）	4	维生素E（毫克）	4
维生素P（毫克）	6	维生素P（毫克）	6

给爸妈的贴心建议

注意宝宝的营养供给是否充足

这个时期是宝宝出牙的关键时期，宝宝的活动量逐渐增大，不断地生长发育，尤其是语言、思维、对外界的认知能力等，都在快速发育，再加上这时候又容易贫血。所以，宝宝需要充足的营养供给，才能满足正常的生长发育。

让宝宝养成良好的进餐习惯

良好的进餐习惯不仅关系到食物营养是否均衡，肠胃健康，对宝宝生长发育也有很大的影响。一旦养成进餐习惯，几乎终生都不会改变，所以如何教育宝宝养成进餐习惯是爸妈不可缺少的功课。

宝宝挑食是大多数爸妈感到头痛的问题，也和家庭进餐气氛的联系十分紧密。每一样食物都有它独特的作用与营养。长期只偏爱某一些食物，拒绝其他食物对宝宝的成长十分不利。为了引起宝宝吃饭的兴趣，爸妈可以让宝宝观察菜肴从无到有的过程，在菜色与菜式上也要求新求异。到了适当的时机，培养宝宝自己动手吃饭的能力，同样会刺激宝宝对吃饭的兴趣。

怎么应对宝宝挑食呢？

一岁半到两岁是宝宝饮食习惯养成期，口味也开始有所偏重，有的喜欢吃甜的，有的喜欢吃咸的。要注意吃甜食容易引起龋齿，而经常摄取盐分过重还容易在少年时期罹患高血压。所以，爸妈在一开始为宝宝准备食物的时候，就应把调味做得清淡一些。

很多宝宝都有挑食的坏毛病，这和家庭进餐的环境也有很大的关系。为了让宝宝了解各种蔬菜的特点，在购买食物的时候可以让宝宝共同参与，当他看到各种形状、五颜六色的蔬菜时难免产生好奇，爸妈再及时地告诉宝宝它们的作用，例如：苦瓜吃了会感到清凉，西红柿酸酸甜甜的很好吃，茄子凉拌味道不错，黄瓜又香又脆。

各种维生素的功效和食物来源

维生素	作　　用	食物来源
维生素 A	眼睛、皮肤、头发、牙龈的发育有重要作用。增强呼吸器官对疾病的抵抗能力，加速生病后的恢复速度。	动物性食物：动物肝脏、肾脏、鱼肝油、牛肉、鸡肉等。植物性食物：柿子、杏仁、菠菜、胡萝卜、青豆等。
维生素 B_1	能够刺激胃肠蠕动、加速食物排空，增加食欲。	坚果、花生酱、麦片。动物肾脏、心脏、家禽的瘦肉等。
维生素 B_2	维护眼睛的视力、口腔及消化道黏膜的健康，促进新陈代谢、生长发育。	主要来自动物的肝脏，其次还有牛奶、黄豆、乳酪、小麦、酵母粉，煮熟的绿叶类青菜中也有。
维生素 C	加速红细胞生长，促进铁的吸收，维持牙齿、骨骼、肌肉的正常功能，增强孩子的抵抗力。	大量蔬菜和水果中都含有维生素 C，绿叶蔬菜和橘子、红枣、甜橙中的含量较高。蔬菜中维生素 C 含量最高的是柿子椒。

维生素	作　用	食物来源
维生素 D	能促进造骨材料——钙和磷的吸收，产生强壮的骨骼和牙齿。能够防止蛀牙和齿槽脓漏。	主要存在于鱼肝油、沙丁鱼、蛋黄、鸡肝、牛奶、乳产品中。
维生素 E	能够抑制平滑肌细胞增殖，抑制血小板粘连和聚集。	主要存在于谷物种子的胚芽和绿叶蔬菜脂质中。植物油、葵花籽、榛子、杏仁、松子、红薯是维生素 E 的主要来源。

宝宝不爱吃饭，怎么办呢？

宝宝不爱吃饭有很多原因，一定要找出原因之后再对症下药。有的宝宝是因为不会咀嚼食物，这个时候爸妈要静下心来，用面包条引导宝宝，为他慢慢示范咀嚼的动作，直到宝宝也学会。

而最常见的原因是缺锌，锌是唾液蛋白的组成成分，能够促进味觉的发育、增进食欲。由于宝宝挑食，缺少了锌的摄入，导致口腔黏膜细胞易脱落，阻塞舌头上的味蕾小孔。宝宝的味蕾感受不到食物的味道，食欲自然就下降

了。有的宝宝是在生病之后不爱吃饭，可能肠胃功能受到破坏还未恢复，这时候的食欲不振也是比较正常的，可以让宝宝吃一些清淡的食物，调整好肠胃再吃正常的食物。

促进宝宝吃饭的方法还有很多，比如：选购宝宝喜欢的餐具，增加宝宝的活动量，宝宝累了之后自然想吃东西，这时候对食物也不会太挑剔。良好的进餐环境也是不容忽视的，吃饭的时候要专注精神，不能玩耍或者看电视，进餐保持一定的节奏，不能拖延。而吃饭时保持愉快的心情也很重要。

找出促进宝宝食欲的好方法

宝宝不爱吃饭 ＝ 生理因素 ✕ 心理因素

给爸妈的贴心建议

哪些食物含锌比较多？

锌元素主要存在于海鲜产品和动物内脏中，包括：牡蛎、瘦肉、猪肝、鱼，还有蛋黄。动物性食品中每100克就含有3~5毫克锌，而植物性食品中每100克只含1毫克锌左右，包括：花生、豆类、大白菜等。

世界卫生组织建议，幼儿应该每天摄入10毫克的锌，尤其是多汗的儿童必须增加一些富含锌的食物，如：牡蛎、瘦肉、鱼虾、动物内脏等。还可以适当补充一些锌剂，如：葡萄糖酸锌口服液等。

宝宝的饮食基本原则

之前对断奶期乳儿的营养及饮食百般关心的妈妈们，在迎接宝宝满周岁后大概会暂时松懈下来。但其实对孩子来说，满一岁是第一个独立的时期，在营养指导方面，这个时期比断奶期的问题更多样。爸妈须掌握此时期的特质，善加思考这个时期符合孩子营养需求的正确饮食。

一岁的饮食调理非常重要，虽然婴儿期旺盛的身体发育到幼儿期时变得略为缓和，但从一岁到两岁的这一年间，仍会有体重约3千克、身高约10厘米的成长。包括断奶后期陆续长出乳齿、头盖骨密合、骨骼成长等种种明显的发育。

为了促进这些发育，日常的饮食很重要。加上在这个年龄，因为宝宝的消化器官尚未成熟，对细菌的抵抗力也较弱，虽然慢慢能吃接近成人形态的饮食，但在调理方式及卫生方面须特别注意。

断乳后，幼儿每天需要的热能大约是1200千卡，每日进食4～5次，妈妈可以根据食物的热量信息来调配幼儿的饮食。此外，断乳后的幼儿，饮食主要由主食、副食和牛奶、鸡蛋、果汁组成，主食可吃软米饭、烂面条、粥、煮烂的馄饨等；副食可吃肉末、碎菜及鸡蛋羹等。爸妈会发现，主食几乎都是偏较软的食物，因为一岁时期对宝宝来说是一个过渡时期，也是一个循序渐进的过程，从流质到糊状，再到软一点的固体食物，最后到米饭，每一个时期都要先熟悉之后再慢慢过渡。

宝宝的营养需求

首先，我们需要确立一岁宝宝的发育与维持健康上所需要的营养素之种类与分量。所谓的营养需要量，指的就是我们在过健康生活及增进体能上需要营养素的摄取量，考虑到维持、增进健康上的个人需求量之差异后所制定而成的参考值。所以，表中的数值是以标准生活的平均体格的幼儿为前提所订定的。不过，营养需要量对各个孩子来说并不是绝对性的数字，不需要过于拘泥数值，因实际上同性别、同年龄的孩子，就算不看体格，在食欲、游戏、睡眠及其他生活上也有极大的差异。因此，爸妈在为孩子准备饮食时，要考虑到孩子的体格、食欲等，而采取适当的处理。

我们日常摄取的并不是营养素，而是包含各种比例营养素的食品。每天食用的食品种类非常多，而且营养组成各不相同。因此，为了确保可满足营养需要量的饮食，就得正确掌握食品在营养上的特性，并且巧妙地组合摄取才行。从营养的观点可以将多数食品大致分成以下四大类：

第一类： 蛋白质及矿物质 —— 乳、蛋、鱼、肉、豆类及其制品。

第二类： 维生素及矿物质 —— 蔬菜、水果、海带等。

第三类：热量——以淀粉为主的谷类及薯类。

第四类：热量及脂溶性维生素的溶剂——油脂类及富含脂肪的食品。

爸妈为孩子准备的三餐应从这些食品群中组合一到二个种类的食品，即可为宝宝提供充足且均衡的营养，不过以上是孩子饮食的平均预估标准，并不代表孩子一定只能吃这些。另外，也必须依据孩子的食欲准备适当的餐点分量。

1岁宝宝营养需求

项　目	男宝宝	女宝宝
热量 (kcal)	970	920
维生素 B$_1$(mg)	30	30
脂肪热量比 (%)	25 ~ 30	25 ~ 30
烟碱酸 (IU)	0.4	0.4
维生素 D	7	7
铁 (mg)	1000	1000
蛋白质 (g)	0.4	0.4
维生素 B$_2$(mg)	0.5	0.5
维生素 C	6	6
钙 (g)	40	40
维生素 A(IU)	100	100

给爸妈的贴心建议

孩子的三餐与点心

　　以早餐而言，可准备牛奶或豆浆、鸡蛋等；中午可吃软一些的饭、鱼肉、青菜，再加鸡蛋虾皮汤；午前点可给些水果，如：香蕉、苹果片等；午后为饼干及糖水等；晚餐可进食瘦肉、碎菜面等；而饮品部分，牛奶不仅易消化，而且有着极为丰富的营养，能提供给宝宝身体发育所需要的各种营养素，是宝宝断奶后每天的必需食物；爸妈也可以为宝宝准备自己榨的新鲜果汁，并用温水兑稀一点给孩子喝。每日菜谱尽量做到轮换翻新，并注意营养的搭配，除能为宝宝提供多元营养外，还能帮助宝宝养成不挑食的饮食习惯。

宝宝饮食注意事项

我们平时吃的食物许多都具有健脑作用，爸妈若在安排孩子饮食时，正确搭配的话，就可以取得很好的效果，也不必担心有副作用。有健脑作用的食物如：含有丰富的钙、蛋白质和不饱和脂肪酸的鲜鱼，可分解胆固醇，使脑血管通畅，是儿童健脑的最佳食物；含有脑细胞发育所必需的营养物质——卵磷脂的蛋黄，儿童多吃蛋黄能给大脑带来更多活力；含有丰富的钙和蛋白质的牛奶，可以给大脑提供所需的营养，增强大脑活力；含有脂肪、蛋白质以及矿物质和维生素等营养成分的木耳，是补脑健脑的佳品；含有卵磷脂和丰富的蛋白质等营养物质的大豆，儿童每天吃一定数量的大豆或大豆制品，能增强大脑的记忆力；含有丰富的维生素A和维生素C的杏子，可以改善血液循环，保证大脑供血充分，从而增强大脑的记忆力。此外，小米、玉米、胡萝卜、板栗、海带、花生、洋葱和动物的脑等都是比较理想的儿童健脑食物。

许多家长都希望自己的孩子聪明伶俐，因此，而花大钱购买市面上的健脑益智保健食品。不过专家指出，食用过多此类保健食品会适得其反，造成部分孩子内分泌紊乱，出现早熟等现象。因此，我们建议爸妈还是为孩子准备营养均衡且充足的饮食，如此一来不需要花大钱就可以帮助孩子的大脑发育。

对牙齿有益的食物

对宝宝的乳牙照护不仅仅只是在口腔清洁等方面，营养也是很重要的。宝宝乳牙的发育与全身组织器官的发育不尽相同，因此，也需要不一样的营养。长牙时，给宝宝补充必要的"固齿食物"，能帮助宝宝拥有一口漂亮坚固的小牙齿。

有助于宝宝牙齿更健壮的营养素有矿物质中的钙和磷，另外，镁、氟、蛋白质的作用亦不可缺少。同时，维生素A、维生素C、维生素D还可以维护牙龈组织的健康，补充牙釉质形成所需的维生素。

那这些营养素在哪些食物中可以取得呢？食物如：虾仁、骨头、海带、肉、鱼、豆类和乳制品中都含有丰富的矿物质；爸妈也可以让宝宝多吃一些新鲜蔬菜和水果；另外，日光浴也可以帮助宝宝补充维生素D。

喂饭原则

父母拿着饭碗追着孩子满屋跑是我们常见的现象，让孩子乖乖地坐在座位上好好吃饭怎么就那么困难呢？这里有一些方法可以让孩子喜欢上爸妈喂饭：

①定时进食

尽量不要让孩子饿了就吃，否则会造成孩子吃饭时间不固定，进而增加爸妈的喂饭难度。孩子一般一天吃4~5餐，下午的点心在1~2次不等，尽管孩子吃饭的顿数多一些，也还是要督促孩子定时进食。

②不要分散孩子的注意力

在喂孩子吃饭时，父母总是喜欢变着花样来哄孩子吃，这样的结果就是分散了孩子的注意力，吃饭往往是为了"交换"。最好是在孩子吃饭的时候，气氛轻松安静，不要说个不停，让孩子一口一口咽完了再吃。

③减少零食摄取

很多孩子不爱吃饭是因为零食已经占满了肚皮。虽然零食也要吃，但不能过量。加上过多的零食对孩子的健康会造成影响，且会形成孩子不良的饮食习惯，因此，要减少孩子在正餐以外摄取的零食量。

④为孩子买可爱的餐具

买一些图案可爱的餐具，可提高孩子用餐的欲望，如能与孩子一起选购更能达到好效果。

⑤注意宝宝的饮食偏好

很多人总是觉得一岁多的孩子对食物没有什么理解力，不知道自己喜欢吃什么。而父母为了追求所谓的营养均衡，又必须逼着孩子吃他们不喜欢吃的东西，于是吃饭就常常成为不开心的来源。孩子就算不爱吃，迫于压力也得吃。

不过事实上，孩子从小就有自己的口味偏好，可能与父母的相似，也可能并不一致。在爸妈强迫喂食的情况下，孩子会感到压迫并容易消化不良。因此，在不影响健康的基础上，父母必须注意孩子的饮食偏好，尊重孩子喜好，用替代品来补充不爱吃的食物的营养。

2 岁宝宝所需营养

这个阶段是奠定体质的关键时期

饮食习惯不规律，不仅会降低食欲，也会阻碍吃进去的食物的消化与吸收。因此，培养幼儿良好的吃饭习惯，不仅能控制饮食量，也能使爸妈与孩子双方心情保持愉悦。

必需的营养与饮食量标准

幼儿到了两岁的阶段会变得非常好动，还会预先考虑自己的行动，如果行动起来不像自己所希望的那样顺利的话，还会发脾气，并且拒绝接受父母的意见，有自我独立的主张，这就是所谓"反抗期"的开始。

幼儿在这段时期的饮食生活中，这种情绪会以各式各样的方式表现出来，但是，如果父母总是压抑宝宝的这些反抗行为，就会影响幼儿自发地去完成事情的欲望；相反地，如果过度放纵，也会使幼儿变得没有自制力。因此，做

父母的应巧妙地抓住幼儿这个时期的心态，借机培养宝宝良好的吃饭习惯。

成人每日所摄取的营养，大部分用于维持生命，比起幼儿期来，身体发育逐年减慢。幼儿期内，每天摄取的营养中有三分之一是用于生长发育，但是这个营养标准，只是以幼儿的平均体重为前提所订定的，在实际生活中，每个幼儿所需的营养不尽相同，即使是同一年龄的幼儿，其体重与活动量也各有差异。

因此，营养标准对每一个幼儿来讲，并不是绝对的，不必过于拘泥，父母可根

据幼儿的食欲情况，采取灵活的搭配方式。但如果有一套以营养标准量作为安排幼儿饮食计划与制定食谱的标准，就十分方便了，掌握两岁儿童的营养标准量，下一步就是如何达到这个营养标准量。

适当给予午后点心

对于幼儿来讲，午后的点心不仅可以补充营养与水分，对于其精神方面，也有着重要的作用。专家学者曾做过以下的实验，在育儿中心内，被给予果汁的幼儿与未被给予果汁的幼儿相比，精神方面更加稳定，很明显地午后点心可以给幼儿带来精神上的安慰。也有很多人都注意到，烦着父母要点心和等待点心到来时，幼儿的表情和神态，与吃点心时的情形完全不同。午后的点心，能使幼儿精神振奋，达到稳定情绪的作用。

这个时期，给予幼儿点心的量，其能量大致为全天摄取总能量的10%到15%。一般而言，两岁幼儿所需要的热量为1200到1500大卡，所以午后点心需要120到180大卡。若以牛奶作为补充钙质的来源，一天最好能给400毫升左右，并作为一般午后点心饮用。除此之外，再准备约50大卡的食物就行了。

午后点心对幼儿来讲，是饮食生活中重要的一部分，稍不加以重视，便容易忽略它在营养方面的作用，注意不能过分地给幼儿糖分。如果想采用市面上出售的食品时，请避开味浓、添加香料的食品，尽量选择不含糖精、色素等添加剂的食品。

餐具的使用与口腔的功能

幼儿的饭桌上，经常放着有美丽图案的碟子和把柄部分稍微粗大的汤匙及叉子等餐具，幼儿使用这些餐具吃饭时，往往会出现令人捧腹的滑稽场面。两岁幼儿应该如何使用这些餐具？使用餐具与口腔接受食物动作的协调程度又如何呢？

在宝宝一岁时，虽然给他汤匙和叉子，他却经常直接用手抓食物往嘴里送。到了两岁，幼儿能用手同时拿碗和汤匙进食。嘴唇的功能进一步发展，紧闭嘴唇的力量增强，甚至能将水含在嘴里"咕噜咕噜"地鼓起腮帮子。也能够手持汤匙或叉子，将适量的食物送入口中，顺利咀嚼，而且将咀嚼后的食物分数次吞下。如此一来，不论多少食物，都能顺利地进食。

关于使用餐具的熟练程度，两岁幼儿能顺利地用汤匙在碗内舀起食物，但还不能将较大的食物细分，只能取其中的一部分。这个时期，有的幼儿还能左手拿碗、右手握筷，两手同时握住不同的餐具。这时，可以开始让幼儿在饭桌上使用筷子，但是不需过分急躁地强迫他们正确地使用筷子。因为这时的幼儿还不可能熟练地使用筷子，过分矫正只会使他们失去学习的兴致。

舔手指与吸吮

零岁的宝宝经常会做舔手指的动作，一岁生日过后，就逐渐不舔手指了。但是，如果是困了想睡觉，有时还是会很自然地将手放入口中吸吮。舔手指这个动作，在婴儿期内对婴儿口腔机能的发展，发挥了重要作用。这种作用，在过了乳儿期后就变得不必要了，大多数幼儿就不再将手指放入口腔。但事实上，也有少数幼儿到了两岁还会习惯性地舔手指。

与舔手指相同，幼儿在两岁后，吃饭时会在口中含着食物，像吸奶般"吱吱"地慢慢吸吮，不愿将口中的食物吞下。其实我们可以通过观察宝宝嘴巴的吸吮动作来观察宝宝的内心世界。我们在研究两岁以上的幼儿的进食方法与白天舔手指的动作时，特意区别幼儿的这种动作，是不断持续至今，或是一段时间消失后，又重新出发。结果显示重新出现这种现象的幼儿，大多是因为有特殊的原因。尤其是搬家、有弟妹出生、开始进托儿所等。大多数原因主要来自于环境的改变，也就是说，因为环境的突然变化，造成幼儿的不安，使得他们通过对敏感的手指、口（或舌与唇）的相互摩擦刺激，达到心理平衡，使自己充分得到满足。

吸吮和舔手指的动作，都是通过运用自己婴儿时代的习惯动作——吸吮乳汁，使自己的身心重新回到婴儿时代，让自己紧张的心情得以放松。如果看见幼儿舔手指、吸吮，千万不可强行制止，必须先找出原因，进行适当地辅导，并巧妙地加以禁止，譬如在幼儿的手指涂一些辣椒，或让幼儿吃容易吞咽的流质食物。尽量保持进餐的愉快，最好不要禁止这禁止那，应该采取迂回的方式说明"这样吃更香"或"这样做会更舒服"，这比强硬制止更为奏效。

以营养学观点将食物分为以下四大类

蛋白质以及矿物质营养源	牛奶、鸡蛋、鱼类、肉类、豆类以及其制品。
维生素以及矿物质营养源	蔬菜、水果、海草。
热量源	以淀粉为主要成分的谷类与薯类。
热量源以及碳水化合物	油脂类以及富含脂肪的食品。

给爸妈的贴心建议

培养良好的饮食习惯

幼儿到了两岁，变得开始想用手拿饭桌上的食物，用手抓食物吃，想积极地尝试自己独立进食，却往往把饭菜弄翻。因此，吃饭时，需要周围的亲人给予一定的帮助，但是，有时幼儿也会因为周围亲人的帮忙而发脾气，不能顺利地吃完一顿饭。在这种情形下，耐心就非常重要，并巧妙地抓住机会，教他进食的方法，过分干涉幼儿的进食方法与培养餐桌礼仪相比，培养他们独立进食的习惯更为重要。

到了两岁半左右，幼儿已能熟练地握住汤匙和叉子，也能够用筷子夹面条吃，但是，不需要强求他们注意握筷子的方法。过分强调这一点，会令幼儿感到麻烦而失去对吃饭的兴趣。等幼儿到了三到五岁，再教他们正确的握筷方法，他们通常很快就能掌握。两岁半到三岁时期开始，宝宝正处于反抗期，常常会在吃饭的问题上出现各式各样的麻烦，而这个时期也正是周围的亲人随着幼儿的成长逐渐了解幼儿的要求与感情，并能采取最适当的方法予以解决，从而使幼儿加深对周围亲人的信赖感的时期。在母子相互信赖的基础上，尽量减少训斥、禁止等教育方法，可以说是培养幼儿养成良好习惯的诀窍。

刷牙的习惯

幼儿到了两岁，乳牙位于口腔最内侧、沟槽最为复杂的牙齿（第二乳臼齿）长出，而且糖果也吃得比过去多，所以两岁儿童的口腔，比以前更容易脏污。因此，为了预防蛀牙，除了培养他们爱清洁的习惯外，还需要培养他们养成饭后刷牙的习惯。

虽然此时宝宝手的活动能力提高，能够自己紧握牙刷，但是还达不到顺利刷净口腔里侧和上颚牙齿的能力。想要清除牙齿上的污垢，还是需要父母帮助。由于宝宝是借由模仿周围的大人和兄姐以形成自己的生活习惯，所以请尽量让宝宝与家人一起刷牙并给予适当指导，让他们逐步掌握刷牙的方法。

两岁的幼儿，因为手的动作还不太熟练，请不要性急，慢慢地教他们学会，饭后让他们自己拿好牙刷，在他们完成某些动作时，多给予他们一些称赞，让宝宝在开心的环境中，学习一些生活习惯。

两岁过后，幼儿进入了"第一反抗期"，有的幼儿会固执地坚持自己独立刷牙，对父母的帮助表现出反抗情绪，这是其独立性的表现之一。从幼儿身心发展的角度来看，这是好现象。因此，尽量不要压抑幼儿独立刷牙的欲望，也不要因为考虑到时间与效率，而自己动手快速地帮把宝宝刷牙。

刷牙与吃饭、睡眠、排泄等不同，它没有自身本能的需求。因此，幼儿到了两岁，不仅要让他们将刷牙作为固定的生活习惯，并随着幼儿理解能力的发展，还要让他们了解为什么要刷牙。

2 岁幼儿的营养必需量

项　目	男宝宝	女宝宝
热量 (kcal)	1200	1150
蛋白质 (g)	35	35
脂肪热量比 (%)	20 ~ 30	20 ~ 30
钙 (g)	0.4	0.4
铁 (mg)	7	7
维生素 A(IU)	1000	1000
维生素 B_1(mg)	0.5	0.5
维生素 B_2(mg)	0.7	0.7
烟碱酸 (mg)	8	8
维生素 C(mg)	40	40
维生素 D(IU)	100	100

营养学四大类

　　掌握了两岁儿童的营养标准量，下一步就是如何达到这个营养标准量。必须选择什么食品？用量多少？我们将大量的食品，以营养学的观点分为以下四大类。

第一类： 蛋白质以及矿物质营养源——牛奶、鸡蛋、鱼类、肉类、豆类以及其制品。

第二类： 维生素以及矿物质营养源——蔬菜、水果、海草。

第三类： 热量源——以淀粉为主要成分的谷类与薯类。

第四类： 热量源以及碳水化合物——油脂类以及富含脂肪的食品。

　　如果从以上四类食品中选择一到两种组合配制饭菜，就是一餐营养均衡的菜肴。

食物营养标准量

分　类	食品名称	分　量 (g)	标准量
第一类	鸡蛋	60	1 个
	牛奶	230	1 又 1/7 杯
	优酪乳	220	少于 1/2 盒
	干芝士	30	1.5 片
	肉、鱼	45	1/2 ~ 2/3 块
	火腿	40	2 片
	香肠	55	3 根
	鱼干	20	4 大匙
	鱼肉山芋饼	70	3/5 片（大）
	豆腐	100	1/3 块
	豆皮	65	1/2 块
	纳豆	45	1/2 包
	四季豆（干物）	35	45 粒
	大豆（干物）	20	70 粒
第二类	蔬菜、水果、海草	60~80	3~4 匙
第三类	米饭	100	幼儿用碗 1 碗
	面包	55	6 小片
	面条（汤面）	140	1/2 碗
	通心粉（干物）	35	大约 50 个
	红薯	110	1/2 个
	土豆	180	2 个
	咸饼干	30	7 ~ 8 个
	香蕉	160	1.5 根（大）

分　类	食品名称	分　量
第四类	油脂以及含脂肪量高食品	搭配料理使用

1.每一餐饭从一到四大类中挑选一至两类搭配使用。

2.标示量为一餐饭使用量，如果选用两种，可将分量减半。

3.绿、红、桔、黄色的蔬菜，一日需要足量使用一次。

龋齿发生率

幼儿喜好的巧克力、糖果、奶油蛋糕、日式糕点、各种清凉饮料、乳酸菌饮料等甜味食品，所含热量很高。不仅容易使幼儿对其他食物没有食欲，而且也容易导致蛀牙。在宝宝两岁以前，尽量不要让他食用这些味道浓的食品。午后的点心每天应在固定的时间给予幼儿一次，点心的量与内容，最好根据当日幼儿的食欲与活动量来决定。如果三餐以充分摄取营养或当日运动量较少时，可以只给他们补充富含水分的果汁、水果、牛奶之类的饮料，并让幼儿适当休息就可以了。

大多数的人都了解，砂糖的摄取与蛀牙的发生率之间，存在着正比的关系。随着每日饭后点心次数的增加，蛀牙的发生率也在增高。你或许听说过，在幼儿园生活的幼儿与在家庭中和父母生活的幼儿相比，蛀牙的发生率更低。当然，这并不是由于砂糖的摄入量的差别，而是因为在幼儿园的幼儿，午饭后吃点心的时间很有规律。

幼儿从出生六到八个月开始长出乳牙，到二到三岁，已经完整地长出二十颗牙齿。为了长久保护幼儿像珍珠般光洁闪亮的牙齿，要特别注意幼儿午后点心的摄取方法，并且在幼儿吃完饭后，指导他们喝水或是刷牙。

不规则或频繁的午后点心，不仅会引起蛀牙，还会导致食欲不振，打乱宝宝的饮食习惯，从而损害健康。有调查指出，大多数幼儿出现原因不明的不适感（身体没有明显的疾病，但出现头痛、腹痛、容易疲倦等症状），都是由从午后点心中摄取的热量比较高所致，也就是占了日总摄取量的37%以上。

饮食的偏好

幼儿在饮食中，必然会出现一定的偏好。当时幼儿对食物表示好恶时，其表现的程度与时期以及食品的种类有很大的差异，很难确定是否偏食。我们从每天的营养方面来看：有些幼儿不喜欢吃鱼，但喜欢肉类、鸡蛋、牛奶；不喜欢吃芝士，但喜欢喝优酪乳、牛奶；不喜欢青椒、洋葱，但喜欢菠菜、白菜、西红柿等等。经常还会因为烹调方法的不同，而只吃这种方法做的菜，不吃用某种方法做成的菜。以上所有的例子，都不至于影响到均衡营养的摄取偏食的幼儿，大约从一岁过后就能见到。

理想的点心准备量

食品名称	分　量	食品名称	分　量
草莓	7 ~ 8 颗	红薯	1/5 个
西瓜	1 块	球型松饼	10 小块
梨子	1/2 个	玉米片	60 片
香蕉	1/2 根	饼干	3 块
橘子	1.5 个	小甜饼	1/2 块
桃子	1 个	煎饼	5 片
苹果	1/2 个	威化饼干	2.5 块
天然纯果汁	3/5 罐	长条饼干	7 根
果汁饮料（罐）	1/2 罐	虾条	30 根
优酪乳	2/3 瓶	洋芋片	7 片
冰激凌	1/2~1/3 个	蛋糕	1/4 块
芝士	1 小块	鸡蛋糕	5 个

卷心菜

每100克
24.6 kcal

每50克
12.3 kcal

卷心菜纤维质丰富，是一种十分常见的蔬菜。

卷心菜素面

食材的 营养

B 族维生素、钙、膳食纤维、微量元素

含有丰富的人体必需微量元素，其中钙、铁、磷的含量在各类蔬菜中名列前5名，又以钙的含量最为丰富，对人体非常有益。

挑选的 秘诀

切成两半的卷心菜要挑选切面卷叶明显的

选购冬季卷心菜时，要选择拿起来沉甸甸且外包叶湿润有水分的；选购春季卷心菜时，要挑选菜球圆滚滚且有光泽的。

保存的 方法

外包叶可以保护内叶不要摘掉外包叶

将卷心菜用保鲜膜或报纸包好放入塑胶袋中，在冰箱冷藏或放入储藏室保存。用卷心菜做宝宝断乳食品时，要将菜心及周围的坚硬部分挖去，去除外包叶，菜叶剥下来使用，最好将菜叶上的主叶脉也切去。

材料：

卷心菜60克
素面50克
海带适量

制作方法：

1. 将卷心菜叶洗净后切片，素面氽烫后备用。

2. 锅中加水，放入切好丝的海带煮成高汤，再放入切好的卷心菜煮熟。

3. 最后将素面放入煮至熟透即可起锅食用。

小提醒：

卷心菜含有丰富的维生素C、钾、钙等，具有很强的抗氧化作用，对调节肠胃有不错的功效，因此，肠胃功能不佳的宝宝，可以在日常饮食中酌量搭配食用。

卷心菜鸡汤面

材料：

卷心菜60克
细面50克
鸡胸肉40克

制作方法：

1. 将卷心菜叶洗净切碎，并将细面煮好备用。

2. 鸡胸肉切成碎末备用。

3. 将鸡胸肉和卷心菜加入细面中，煮至熟烂即可。

扫一扫，轻松学会宝宝最爱幼儿餐！

虾仁卷心菜饭

材料：

白饭150克
虾仁20克
卷心菜50克
高汤500毫升
熟芝麻5克
芝麻油适量

制作方法：

1. 虾仁洗净后切碎；海苔用干锅烤一下，切碎备用。

2. 卷心菜去除白色硬梗部分，切片备用。

3. 锅中放入少许芝麻油，加热后放进虾仁翻炒一下，再放进高汤、白饭和卷心菜一起熬煮，待卷心菜熟烂即可。

4. 最后放入熟芝麻略拌一下即完成这道料理。

小提醒：

卷心菜营养价值高，也有很好的保健功效，其所含的维生素K具有凝固血液的功效，所含维生素还可以促进胃的新陈代谢、促进胃的黏膜修复，所含丰富的膳食纤维可以促进排便。

南瓜

每100克
26.1
kcal

每50克
13.05
kcal

南瓜滋味香甜，大人小孩都喜欢。

南瓜浓汤

食材的 营养

维生素A、B族维生素、维生素C及磷、钙、镁、锌、钾等

南瓜颜色越黄甜度越高，β～胡萝卜素含量也越丰富，所含的类胡萝卜素加入油脂烹煮，不仅不会被破坏，还有助人体的吸收。

挑选的 秘诀

不要立即食用新采摘、未削皮的南瓜

由于农药在空气中经过一段时间可分解为对人体无害的物质，因此，易于保存的南瓜，可存放1至2周来去除残留农药。

保存的 方法

未切开的南瓜可在室内阴凉处存放半个月

冰箱冷藏则可以保存1到2个月，新鲜南瓜购买回来后，可以找合适地点存放1至2个周，风味更佳。已经切开的南瓜，保存时要将瓤籽挖除，以保鲜膜包好，存放在冷藏室，最多可放置一周。

材料：

南瓜60克
牛奶400毫升

制作方法：

1. 南瓜洗净后去籽，切成适合宝宝一口大小的块状，蒸熟备用。

2. 将蒸至软烂的南瓜去皮，碾成南瓜泥。

3. 取一锅，放入牛奶与南瓜泥熬煮均匀，熬煮过程中需不停搅拌，以免烧焦，待煮至沸腾、香味传出后即可起锅。

南瓜鸡肉粥

材料：

米饭80克
鸡胸肉30克
南瓜30克
鸡高汤150
毫升

制作方法：

1. 起水锅，放入鸡胸肉氽烫去腥、去血水，再切成小块；南瓜蒸熟后，去皮和籽，磨成泥。

2. 锅中放入鸡高汤、鸡肉和米饭一起熬煮，等煮至沸腾、香味传出后，再加入南瓜泥搅拌均匀即可起锅食用。

扫一扫，
轻松学会
宝宝最爱
幼儿餐！

南瓜米糊

材料：

白饭80克
南瓜50克
海带高汤450
毫升

制作方法：

1. 南瓜洗净、去籽、蒸熟后，接着磨泥备用。

2. 取水锅，放入白饭与海带高汤一同熬煮，待煮至沸腾，加入南瓜泥搅拌均匀，继续熬煮片刻即可起锅食用。

小提醒：

南瓜含有维生素A、多糖体、氨基酸、活性蛋白、类胡萝卜素及多种微量元素等，能提高宝宝的免疫功能、促进细胞因子生成、维持正常视觉以及促进骨骼发育等，是极佳的食材。

胡萝卜

每100克
38
kcal

每50克
19
kcal

胡萝卜口感清甜，滋味极佳。

胡萝卜牛奶汤

食材的 营养
β-胡萝卜素可在体内转化为维生素A

若是经常食用胡萝卜，可发挥保护皮肤和细胞黏膜、提高身体抵抗力的作用。胡萝卜含有蛋白质、脂肪、碳水化合物、B族维生素、钙、磷、铁、钾和钠等营养素。

挑选的 秘诀
以内芯剖面细、深橘色、须根少为佳

若是买到已切除叶子的胡萝卜，需挑选剖面细的内芯，口感较好；胡萝卜呈现橘色是受到β-胡萝卜素的影响，越是深橘色，甜度越高；而须根较少的胡萝卜则表示生长状况较佳，有获得一定的营养。

保存的 方法
若非立即食用不要用水清洗

买到带叶的胡萝卜，要把叶子立即切下，防止养分从根部被叶子吸取走。胡萝卜切开后，切口容易蒸发水分，若是直接放冰箱，必须以保鲜膜包好存放在冰箱冷藏。

材料：

胡萝卜40克
牛奶400毫升

制作方法：

1. 胡萝卜洗净后，除去菜叶跟须根，起水锅，煮至熟烂，捞出沥干、磨泥。

2. 取一锅，放入牛奶煮至沸腾，过程中需不断搅拌以免烧焦，待牛奶煮至沸腾后，在锅里加入胡萝卜泥，边熬煮边搅拌，待香味传出即可起锅食用。

小提醒：

胡萝卜有增强免疫力之功能，所含的粗纤维，可促进肠胃蠕动、有助消化体内脂肪；而β-胡萝卜素在人体内转化为维生素A，可保持皮肤的光滑，有效发挥保护宝宝皮肤和细胞黏膜的功能。

胡萝卜肉粥

鲭鱼胡萝卜稀饭

材料：

白饭150克
胡萝卜50克
牛肉片50克
南瓜40克
食用油5毫升
高汤450毫升

制作方法：

1. 胡萝卜和南瓜蒸熟后，去皮、磨成泥；牛肉片切小丁备用。

2. 起油锅，放入牛肉片炒熟，再放入胡萝卜和南瓜略炒片刻。

3. 待蔬菜的香味炒出后，加入高汤、白饭一起熬煮至米粥稠烂即可起锅食用。

小提醒：

胡萝卜表皮的营养十分丰富，最好使用刨刀去皮，去皮时尽量刮得薄一点，以防止营养损失过多。如果直接用菜刀削皮容易削得过厚，造成浪费，又容易造成胡萝卜表面不光滑，做出来的菜色不美观。

材料：

米饭80克
鲭鱼肉40克
胡萝卜40克
鱼高汤450毫升

制作方法：

1. 鲭鱼泡在洗米水（或牛奶）中，去除腥味，清洗干净后，用开水汆烫、剔除鱼刺，取其鱼肉捣碎；胡萝卜去皮后切末。

2. 取一锅，在锅里放进鱼高汤、米饭与胡萝卜一起熬煮，待胡萝卜及米粥煮至熟烂，即可放入鲭鱼肉。

3. 继续熬煮至所有食材都熟烂后即可起锅食用。

小提醒：

鲭鱼含有非常丰富的DHA与EPA，具有降低胆固醇、血脂肪、预防心血管疾病等功能。多吃鲭鱼有益健康，且鲭鱼的价格便宜，平常多吃能达到预防保健之效果。

虾

每100克
93 kcal

每50克
46.5 kcal

虾营养丰富，肉质鲜美。

山药虾粥

食材的 营养

蛋白质、B 族维生素、钙、铁、锌以及磷

虾含有牛磺酸，不仅能够降低胆固醇、保护肝脏健康，还能保护心血管、预防动脉硬化。其中，虾壳还含有很多的甲壳素，不仅可以预防骨质疏松症的发生，还可以增强免疫力。

挑选的 秘诀

肉质紧致、触感滑溜，且不带黏液为上品

虾最好挑选新鲜的，不要购买冷冻以及存放太久的，以免造成营养素流失与宝宝身体的负担。从虾的外观来看，头身须联结完整，不可出现断头或虾眼不饱满，虾壳也要有光泽，不带死灰色。

保存的 方法

若没有要立即食用，应以冷冻保存

虾最好在最佳保鲜期内早点料理完毕，如若购买后没有要立刻食用，最好放进冷冻库中保存，才不会造成食材污染。另外，料理虾时，最好可以先去除肠泥，肠泥是其排完的废物，要剔除才入菜。

材料：

米饭80克
山药50克
虾仁5只
葱花10克
海带高汤450
毫升

制作方法：

1. 山药洗净去皮，切小块；虾仁洗净去肠泥，再切成小丁；葱洗净切末。

2. 取一锅，放入山药、米饭和海带高汤一起熬煮至山药熟烂，米粥成稠烂状。

3. 往锅中放入虾丁一起熬煮，待虾熟透后，放入葱花搅拌均匀即可起锅食用。

小提醒：

山药富含有蛋白质和多种必需氨基酸、淀粉、脂肪、黏质液、胆碱、尿囊素、纤维素、丰富的维生素、烟碱酸及钙、磷、铁、钠、铜、锌等矿物质，并富藏一些具有保健功效成分及特殊物质，能达到抗氧化、降血糖、降血压、促进脂肪代谢，可防治腹泻。

豌豆炒虾仁

鲜虾牛蒡稀饭

材料：

虾仁200克
豌豆100克
食用油5毫升
高汤150毫升
盐5克
玉米粉5克

制作方法：

1. 虾仁洗净，去肠泥；碗豆洗净，去杂质；取小碗，放入玉米粉与水搅拌均匀。

2. 起油锅，放入虾仁、豌豆拌炒出香味，加入盐、高汤一起煨煮。

3. 待煮至收汁后，淋上备好的玉米粉水勾薄芡即可盛盘食用。

小提醒：
虾可以促进骨骼生长、增强免疫力，所含蛋白质更是鱼、蛋、奶的数倍，并含有丰富的钾、镁、碘以及磷等矿物质，还包括维生素A等成分，对于幼儿的生长非常有益。

材料：

米饭80克
虾仁40克
牛蒡40克
海带高汤450毫升

制作方法：

1. 虾仁洗净，去泥肠；牛蒡洗净后，去皮、切丝，泡在清水里去除涩味。

2. 取一锅，加入海带高汤、牛蒡以及米饭一起熬煮，煮至米粥熟烂。

3. 待米粥熟烂后，便放入虾仁拌煮均匀，等到虾仁熟透即可起锅。

小提醒：
牛蒡可增强宝宝的体力，帮助其成长，使筋骨更加发达；其丰富的纤维质，还有助胃肠消化，可避免宝宝便秘。

土豆

每100克 **76.7** kcal

每50克 **38.85** kcal

| 食材的 营养 | 蛋白质、维生素 B₁、维生素C、钙、铁、锌、镁、钾 |

土豆发芽或皮色变绿、紫，所含龙葵素会暴增，食用后可能引发中毒现象。土豆中的维生素C可保持血管弹性，钾则可以跟体内多余的钠结合，可以降低血压。

| 挑选的 秘诀 | 挑选土豆时，以外表肥大均匀为上选 |

圆形土豆为佳，不仅营养较好，而且容易削皮。表皮以深黄色为佳，皮面干燥、光滑不厚、芽眼较深，并且没有机械损伤、病虫害、冻伤、发芽以及枯干现象，才是较好的土豆。

| 保存的 方法 | 无需密封，可保存 5 至 7 天 |

土豆购买后，若是没有要立即使用，不要先行清洗，直接撢去灰尘，将苹果与土豆一起放置阴凉处，苹果产生的乙烯气体会抑制土豆芽眼处的细胞生长。

土豆芝士糊

材料：

土豆80克
芝士1/2片
胡萝卜5克
丝瓜15克

制作方法：

1. 土豆削皮后切碎，煮熟或直接捣碎接可。

2. 胡萝卜切碎；丝瓜切碎后放入锅里，倒入锅中用小火慢慢熬煮。

3. 锅里放入切碎的土豆、胡萝卜和芝士，均匀地搅拌到芝士融化即可。

小提醒：
芝士最后再放入锅中比较好，因为提早放入，味道和香气都会消失，同时容易烧焦。在料理过程中最好边搅拌边融化，以免锅底烧焦，坏了整锅料理。

土豆牛奶汤

材料：

土豆100克
牛奶400毫升

制作方法：

1. 将土豆洗净后，去皮、切小块，放入蒸锅中煮至熟软，取出后，趁热捣碎。

2. 取一锅，加入牛奶熬煮至沸腾，倒入土豆泥搅拌均匀，待再次沸腾后即可起锅食用。

小提醒：

土豆营养成分很高，含有丰富的维生素及矿物质，其中含钾量是香蕉的两倍之多，最特殊之处是它的维生素C被淀粉包住而不易受热破坏。土豆煮熟后，口感软绵，具有消炎功效，是最常用来制作辅食的食材之一。

蔬菜土豆泥

材料：

土豆80克
牛奶70克
洋葱40克
胡萝卜25克
鸿喜菇20克
豌豆苗10克
糖少许
盐少许
奶油少许

制作方法：

1. 洋葱、鸿喜菇洗净后，切细丁；豌豆苗洗净，切小段。

2. 土豆洗净、去皮，一半切小丁，另一半放入蒸锅中煮熟，再压成泥。

3. 奶油入锅中融化，加洋葱、土豆丁、胡萝卜、鸿喜菇翻炒，加入水、土豆泥，拌匀，煮沸后加入牛奶、豌豆苗、盐、糖，煮沸即可。

小提醒：

土豆富含碳水化合物、B族维生素、钾等营养素，但是其蛋白质和脂肪含量低，因此与芝士搭配使用，即可补充不足的蛋白质和脂肪。

鸡肉

每100克
104
kcal

每50克
52
kcal

鸡肉富含维生素 B_1、维生素 B_2，同时能温润身体、促进代谢。

食材的营养

蛋白质、糖类、维生素A、B族维生素、钙、铁

鸡肉脂肪含量低，且为不饱和脂肪酸，是小儿、中老年人、心血管疾病患者、病中以及病后虚弱者理想的蛋白质食品。

烹调的要点

清爽的烹调方式对宝宝较好

鸡肉肉质细嫩，适合各种烹调方式，但为保持肉本身低脂肪的特性，最好用较为清爽的烹调方式。

对身体的功效

含有优质蛋白质，容易被吸收

鸡肉蛋白质的含量比例较高，种类多，又好消化，人体容易吸收，可以增强宝宝体力，并且强壮宝宝的身体。

鸡肉糊

材料：
米饭80克
鸡肉30克
鸡高汤400毫升

制作方法：
1. 鸡肉洗净、去骨后，切碎末状。
2. 取一锅，放入米饭、鸡肉跟鸡高汤一起熬煮至米粥熟烂，待香味传出后即可起锅食用。

扫一扫，轻松学会宝宝最爱幼儿餐！

蔬菜鸡肉羹

材料：

鸡肉200克
南瓜15克
土豆15克
洋葱15克
奶油5克
盐2克
高汤150毫升

制作方法：

1. 鸡肉切小丁；土豆和南瓜切小块；洋葱切末。

2. 取一锅，放入南瓜、土豆以及高汤，用中火煮至熟软。

3. 另取平底锅，加入奶油热锅，放入洋葱、鸡肉丁一起翻炒，再下之前煮至熟软的南瓜、土豆和高汤，最后放入盐调味即可。

扫一扫，
轻松学会
宝宝最爱
幼儿餐！

鸡肉红薯蒸蛋

材料：

鸡蛋3个
海带适量
鸡肉末30克
红薯30克

制作方法：

1. 锅中加50毫升水，放入长约5厘米的海带一段，煮30分钟，捞出海带，取清汤放凉。

2. 将鸡蛋打入50毫升海带汤中，拌匀后备用。

3. 将红薯和鸡肉末放入碗中，倒入调好的鸡蛋海带汤，放入蒸锅中蒸15～20分钟即完成。

橘香鸡肉粥

材料：
白米饭80克
橘子30克
鸡柳30克

制作方法：

1. 鸡柳去除薄膜后洗净，水煮，待鸡肉熟透后，切碎备用。

2. 橘子洗净后，剥开薄皮并去籽。

3. 取一锅，放入白米饭与500毫升水，熬煮成米粥，待米粥熟烂后放入碎鸡柳煮至沸腾，最后放入橘子稍煮即可。

小提醒：
橘子被称为维生素C的宝库，富含β～胡萝卜素，可预防感冒。橘子入菜时，可先剥开里面的薄皮，切碎后再烹调，这样不仅容易消化吸收，而且薄皮组织不会黏在宝宝喉咙里。

鸡肉炒饭

材料：
白饭80克
鸡胸肉20克
洋葱5克
胡萝卜5克
鲜香菇5克
奶油10克
盐少许

制作方法：

1. 鸡肉去掉脂肪和筋，剁碎备用。

2. 洋葱、胡萝卜、鲜香菇切碎。

3. 在锅内放入奶油温热后，加入鸡肉、洋葱、胡萝卜和鲜香菇一起拌炒。

4. 等鸡肉变色、炒熟后加入白饭再炒，最后撒上盐调味即可。

小提醒：
经过冷冻或低温保存过的鸡肉煮熟后不易去筋，建议购买回后若没有马上烹调，在新鲜状态下先行去筋及脂肪再冷冻，料理时口感较佳。

鸡肉洋菇饭

材料：

软饭40克
鸡肉30克
洋菇10克
上海青10克
奶油2克
鸡高汤适量

制作方法：

1. 鸡肉洗净去皮，煮熟后切成5毫米大小；洋菇切成5毫米大小；上海青焯烫后切同样大小。

2. 加奶油热锅，先炒鸡肉，再放洋菇继续炒。

3. 在小瓷锅中放入软饭和鸡高汤，倒入炒好的鸡肉和洋菇熬煮一起熬煮。

4. 待米粥熟烂后，放入烫好的上海青稍煮即可起锅食用。

小提醒：

鸡肉含有丰富的蛋白质，鸡胸肉的肉质柔嫩好消化，非常适合宝宝食用。洋菇所含热量较少，是一种优良的低热量食物，其中铁质更是宝宝必需的营养素，另外，洋菇所含蛋白质极易为人体消化吸收，其营养价值很高。

鸡肉糯米粥

材料：

泡好的白米15克
泡好的糯米5克
鸡胸肉20克
胡萝卜10克
鸡高汤150毫升

制作方法：

1. 白米和糯米磨碎；鸡胸肉煮熟后剁碎。

2. 胡萝卜去皮，蒸熟后剁碎备用。

3. 锅中放入鸡高汤和磨好的白米、糯米熬煮成粥，再放入鸡胸肉和胡萝卜沫，稍煮片刻即可关火。

小提醒：

糯米味甘、性温，能够补养人体精气，吃了后会全身发热，达到御寒、滋补的作用。另外，糯米热量高，停留在肠子的时间较长，因此，宝宝食用后不会很快就饿。

菠菜

每100克
23.2
kcal

每50克
11.6
kcal

菠菜营养价值很高，口感细嫩，很受宝宝欢迎。

菠菜牛奶稀粥

<table>
<tr><td>食材的
营养</td><td>菠菜蕴含膳食纤维
可以帮助肠胃蠕动</td></tr>
</table>

菠菜拥有丰富的营养成分，既含有可在体内转化为维生素A的β-胡萝卜素，又富含B族维生素、蛋白质、铁、钾以及钙等，所含叶酸更具有改善贫血的效果。

<table>
<tr><td>挑选的
秘诀</td><td>菠菜在秋冬季节
营养价值最高</td></tr>
</table>

根部干净呈红色，没有枯叶且叶端展开的才是新鲜的菠菜，其菜叶愈鲜嫩，入口的涩味就越淡，制作宝宝断乳食使用的菠菜，建议以嫩叶为主。

<table>
<tr><td>保存的
方法</td><td>可用湿报纸包好后
冷藏保存蔬菜</td></tr>
</table>

保存时要将根部往下竖立，长期存放会使菠菜中的维生素C流失，导致菠菜营养价值降低，因此，建议购买后尽快食用。煮熟的菠菜可冷冻保存，这样可以减少营养成分的流失，建议购买后立即烫熟并冷冻起来。

材料：

白饭80克
菠菜30克
牛奶300毫升

制作方法：

1. 菠菜洗净后挑选嫩叶使用，用开水焯烫后沥干水分，再磨碎。

2. 取一锅，放入白饭与牛奶一起熬煮至米粥稠烂。

3. 将菠菜泥放入米粥里搅拌均匀，熬煮至沸腾即可起锅食用。

小提醒：

菠菜中含有丰富的营养物质，有较多的蛋白质、无机盐和各种维生素，对胃和胰腺的分泌功能有一定促进作用，可提高胃、肠、胰腺的分泌功能，增进食欲，帮助消化，尤其更适合老人和儿童食用。

菠菜豆腐

蔬菜优酪乳

材料：

嫩豆腐100克
菠菜50克
芝麻5克
蔬菜高汤150
毫升

制作方法：

1. 菠菜洗净后，去须根、老叶，切成适合宝宝食用的长度。

2. 菠菜焯烫，去除涩味。

3. 取一锅，放入蔬菜高汤、嫩豆腐熬煮至沸腾，加入菠菜继续熬煮片刻，起锅前撒上芝麻即可。

小提醒：

芝麻的脂肪酸比例很优良，其多元不饱和脂肪酸约占45％，单元不饱和脂肪酸约占40％，非常有利血脂肪的调控。芝麻最主要的脂肪酸是亚麻油酸，这是一种人体不可或缺的必需脂肪酸。

材料：

菠菜30克
原味优酪乳
50克

制作方法：

1. 取菠菜的嫩叶部分，用开水烫熟后挤干水分，再切成末。

2. 将原味优酪乳和菠菜末拌匀即可食用。

小提醒：

菠菜的菜叶越鲜嫩，其涩味就越淡，同时具备极高的营养价值，含有多种维生素和铁、钾、钙等营养素，很适合宝宝食用。优酪乳里有多种益生菌，对宝宝的身体很好，有整肠健胃的效果。

菠菜炒鸡蛋

材料：

菠菜80克
鸡蛋1个
食用油5毫升

制作方法：

1. 菠菜洗净后，去须根、老叶，切成适合宝宝食用的长度；取小碗，把鸡蛋打在小碗里，搅拌均匀成蛋液。

2. 起水锅，焯烫菠菜以去除涩味。

3. 起油锅，倒入蛋液拌炒成碎蛋，加入焯烫过的菠菜拌炒均匀即可起锅食用。

小提醒：

菠菜富含铁质，能有效预防贫血，而且还是β-胡萝卜素含量最高的绿色蔬菜，对宝宝成长非常有益。

金枪鱼菠菜粥

材料：

米饭80克
金枪鱼30克
菠菜40克
胡萝卜20克

制作方法：

1. 金枪鱼煮熟后，除去鱼刺、切碎。

2. 胡萝卜去皮，蒸熟后磨碎；菠菜洗净，焯烫后磨碎。

3. 将米饭放入锅中加水煮成白米粥，放入金枪鱼、菠菜、胡萝卜，熬煮至食材全熟即可。

小提醒：

金枪鱼含有对头脑发育极佳的DHA。菠菜富含维生素、铁等营养物质，但注意不可久煮，否则会让维生素C流失。

菠菜桃子糊

材料：

菠菜叶30克
桃子30克
蔬菜汤300
毫升

制作方法：

1. 菠菜叶洗净，切小片；
   桃子洗净、除去外皮和
   核，再切小块。

2. 将菠菜、桃子、蔬菜
   汤放入搅拌机内，搅
   拌成泥。

3. 取一锅，将做法2的食
   材倒入锅中，以小火熬
   煮至沸腾即可。

小提醒：

桃子里的营养素包括苹果酸、柠檬
酸、食物纤维、糖类、镁、维生素
C、铁、钾和磷等，其中膳食纤维与
有机酸能帮助消化，促进肠胃蠕动以
及增加食欲，对宝宝非常有好处。

菠菜鲜鱼粥

材料：

泡好的白米30克
白肉鲜鱼40克
菠菜40克
芝麻5克
盐少许

制作方法：

1. 白米先放入锅中，加水
   熬煮。

2. 白肉鲜鱼蒸熟后，去除
   鱼刺，切小块。

3. 菠菜氽烫后，沥干水
   分、切丝。

4. 熬煮的白米中放入白肉
   鲜鱼和菠菜煮熟，最后
   放入芝麻、盐拌匀即可。

小提醒：

鱼可帮助脑部发育，减轻过敏与发炎
症状，使眼睛明亮有神，改善免疫系
统，还有保护心脏和抗癌的作用。将
鱼蒸熟后，较易去除鱼刺。菠菜近根
1厘米处易存留农药，可用清水浸泡
片刻，再冲洗干净。

西红柿

每100克
17.7
kcal

每50克
8.85
kcal

西红柿的营养价值很高，含有维生素A、B族维生素、维生素C、类胡萝卜素、磷、铁、钾、钠等营养素，更含有丰富的茄红素。

西红柿土豆泥

食材的
营养

**充满健康茄红素
口感酸甜好诱人**

西红柿中的茄红素是一种抗氧化剂，有助于延缓细胞衰败；所含的类胡萝卜素、维生素C则可以增强血管功能、维持宝宝皮肤的健康。

挑选的
秘诀

**大火快炒香味浓
留住营养好健康**

西红柿在烹煮时，最好以大火快炒，以免维生素遭到高温的破坏，流失营养价值。

保存的
方法

**纤维丰富助消化
活化宝宝脑细胞**

西红柿的纤维质含量极高，对于宝宝肠胃消化很有帮助，另外，还含有大量天然氨基酸，可以活化脑细胞，对宝宝十分有益。

材料：

土豆40克
西红柿40克
猪瘦肉30克
蔬菜高汤300毫升

制作方法：

1. 土豆洗净后，削皮、切小块；西红柿洗净，切丁。

2. 取一锅，放入蔬菜高汤、猪瘦肉以及西红柿熬煮至沸腾，再放入土豆搅拌均匀，继续熬煮至土豆熟烂即可起锅食用。

小提醒：

猪肉蕴含很多营养素，包括蛋白质、钠、铜、锌、维生素B_1、维生素B_2、维生素B_6、维生素B_{12}、烟碱酸、铁、钙、磷、钾等，同时也是各种肉类中脂肪含量最高的一种。

西红柿鸡片

材料：

鸡肉60克
马蹄20克
西红柿100克
生粉5克
盐少许
白糖少许

制作方法：

1. 鸡肉洗净，切片，放入碗中，加入盐、生粉腌渍，备用。

2. 马蹄洗净，切片；西红柿洗净后，切丁。

3. 干煎鸡肉片，加入水、马蹄片、西红柿丁、盐、白糖，再加清水煨一下，至汤汁呈浓稠状即可。

小提醒：

马蹄含有蛋白质、胡萝卜素、B族维生素、维生素C、铁、钙、脂肪、粗纤维和碳水化合物，有利于宝宝清热解毒与消食。

西红柿沙拉

材料：

西红柿200克
苹果50克
核桃仁15克
蛋黄酱30克
柳橙汁适量
水淀粉少许

制作方法：

1. 苹果洗净，切成小丁；核桃仁切末。

2. 将蛋黄酱、柳橙汁、水淀粉混合均匀。

3. 西红柿洗净后在三分之一处切开，制成西红柿盅，放入苹果丁、核桃末，淋上做法2的调料即可。

小提醒：

这道料理清爽开胃，西红柿又含有丰富维生素与茄红素，对食欲不振、身体虚弱的宝宝有显著帮助。

西红柿椰果饮

材料：

西红柿200克
椰果20克
苹果30克

制作方法：

1. 西红柿洗净后，去蒂头、切小块；苹果洗净后，削皮、去果核，切小块。

2. 将西红柿、苹果与300毫升开水放入果汁机中搅打均匀。

3. 将做法2的材料到入杯子中，放入椰果搅拌均匀即可食用。

小提醒：

苹果含有丰富的营养成分，包含维生素A、B族维生素、铁、钾、镁以及膳食纤维等营养素，其中膳食纤维可以促进肠胃蠕动，减少便秘发生的可能性，还可以抑制肝脏制造坏的胆固醇，减少血管疾病的发生，对人体非常有益。

西红柿笔管面

材料：

西红柿100克
鸡胸肉30克
笔管面50克
食用油5毫升
芝士粉10克
胡椒2克

制作方法：

1. 西红柿洗净后，除去蒂头，切片；鸡肉洗净、切块，氽烫备用。

2. 起水锅，放入笔管面水煮至熟透即可捞起。

3. 起油锅，放入鸡胸肉、西红柿炒至熟透，再下笔管面一起拌炒至香味传出，最后撒上芝士粉与胡椒即可盛盘食用。

小提醒：

有些宝宝不喜欢胡椒的口感，妈妈可视宝贝情况略作调整。芝士粉很受宝宝的欢迎，妈妈可酌量增添，以增进宝宝的食欲。

西红柿牛肉粥

材料：

米饭80克
西红柿100克
牛肉30克
高汤300毫升

制作方法：

1. 西红柿洗净后，除去蒂头，切末；牛肉洗净后切丝。

2. 取一锅，放入米饭、西红柿、牛肉以及高汤一起熬煮至食材熟透、米粥稠烂即可起锅食用。

小提醒：

牛肉蕴含许多营养，包括蛋白质、脂肪、维生素A、B族维生素、钙、氨基酸等，其中维生素A和B族维生素不仅可以预防贫血，还含有丰富的铁质可预防缺铁性贫血。而所含蛋白质、氨基酸、糖类因为极易被吸收，成为生长发育不可或缺的营养素。

鸡肉番茄酱面

材料：

西红柿100克
鸡肉30克
芥菜15克
面条30克

制作方法：

1. 面条水煮熟后，切小段，捞出备用；芥菜洗净，切末。

2. 西红柿用开水焯烫后，去皮、去籽，压碎成泥状。

3. 鸡肉洗净，汆烫后放入西红柿泥和水，煮成鸡肉番茄酱，再加入芥菜，稍煮片刻。

4. 最后将鸡肉酱淋在面条上即可。

小提醒：

西红柿含茄红素、类胡萝卜素、维生素A、B族维生素、维生素C等营养素，可保护宝宝的眼睛、增进食欲以及帮助消化。切忌不可与烧烤肉类一起食用，以免罹患热病，造成脾虚便稀。另外，咳嗽的宝宝也不宜食用西红柿。

鸡蛋

每100克
155.1
kcal

每50克
77.55
kcal

鸡蛋口感滑嫩，料理用途很广，且营养丰富。

食材的 营养
鸡蛋几乎含有宝宝所需的全部营养物质

营养素种类极广，包含维生素A、B族维生素、脂肪、卵黄素以及卵磷脂，其中蛋黄更是精华所在，各种营养成分比蛋白高出许多。

烹调的 要点
仔细观察细节 新鲜的鸡蛋为上选

挑选蛋壳完整的最好，蛋壳有裂痕、细菌或病毒会污染鸡蛋，无论鸡蛋多么新鲜，只要被污染，就有致病的可能。另外，中小型的较佳，蛋壳厚实最好，表示为新鲜而健康的鸡蛋，蛋壳太薄则可能是鸡只健康不良或年纪过大。

对身体的 功效
购买适量 不要摆放过久才料理

若非购买洗选蛋，且没有要立刻烹煮，最好不要预先清洗，否则容易造成鸡蛋潮湿，病菌反而容易从蛋壳表面的气孔渗入鸡蛋里。在放置鸡蛋时，应该把钝端朝上放进冰箱中保存，气室存于钝端，如此摆放可以避免气室中的空气影响新鲜度。

茶叶蛋

材料：

鸡蛋2个
卤包1个
红茶包1个
酱油30毫升

制作方法：

1. 鸡蛋清洗干净，起水锅，将鸡蛋放入煮至熟透，取出，将蛋壳敲出裂痕。

2. 取一锅，放入卤包、红茶包以及酱油一起熬煮。

3. 待沸腾后，转小火继续烹煮，等到鸡蛋上色，即可起锅。

小提醒：

鸡蛋虽然口感佳、营养丰富，但也不宜一次让宝宝食用过量，须根据宝宝的饮食状况来调整，才不会造成他的身体负担。

三色蛋

材料：

鸡蛋2个
皮蛋1个
熟咸蛋1个
生粉少许
食用油少许

制作方法：

1. 将皮蛋、咸蛋切成小块状后放进铝箔盒中。

2. 鸡蛋加入生粉，打散，备用。

3. 在铝箔盒中滴点油，再将蛋液倒入，盖过皮蛋和咸蛋。

4. 将铝箔盒放入蒸锅中，用大火蒸10分钟即完成。

小提醒：

一般来说三色蛋先做成长方形，再切成一片一片，不过做成圆形可以像切蛋糕一样切开来，也十分美观。在蒸三色蛋时，记得锅盖别盖太紧，要留一个小缝，蒸出来的三色蛋表面才不会坑坑洞洞的。

罗勒蛋

材料：

鸡蛋1个
罗勒25克
盐5克
胡椒粉适量
芝麻油10毫升

制作方法：

1. 罗勒洗净沥干，切碎。

2. 鸡蛋加盐后打散。

3. 锅中放入芝麻油烧热，加入罗勒炒出香气。

4. 倒入蛋液，撒上胡椒粉，煎至两面金黄即完成。

小提醒：

罗勒可以改用海带芽、丁香鱼、胡萝卜来代替，可变化出不同的滋味。

蔬菜鸡蛋羹

材料：

蛋黄1个
香菇1个
土豆10克
胡萝卜末10克
洋葱末10克
大豆粉5克
核桃粉5克
海带汤50毫升

制作方法：

1. 香菇去蒂，剁碎。

2. 土豆去皮，切成小丁；胡萝卜、洋葱去皮，切成末。

3. 蛋黄打散，加入海带汤、香菇、土豆、胡萝卜、洋葱、大豆粉，一起搅拌，放入容器里，蒸熟，再撒上核桃粉即可。

香蕉蛋卷

材料：

香蕉40克
蛋黄1个
芝士粉适量
面粉适量
奶油适量
蜂蜜适量
巧克力酱适量
食用油适量

制作方法：

1. 将蛋黄、芝士粉、面粉、奶油、水，搅拌成面糊，起油锅，将之煎成蛋饼。

2. 香蕉去皮、切薄片，放入蛋饼中，卷起来，再淋上蜂蜜和巧克力酱即可。

小提醒：

香蕉几乎含有所有的维生素和矿物质，因此，宝宝从中可以很容易地摄取到各种营养素。香蕉的食物纤维含量丰富，具有很好的通便效果，非常适合容易便秘的宝宝食用。

小饼干

材料：

低筋面粉240克
奶油100克
砂糖55克
盐适量
水适量
鸡蛋11个

制作方法：

1. 奶油隔水加热后，加入砂糖搅匀，再加入鸡蛋，并拌匀。

2. 加入低筋面粉、盐、适量水后，揉匀，再将面团擀平，用饼干模型押出造型。

3. 烤箱预热，放入160℃的烤箱中，约烤18分钟即可。

扫一扫，轻松学会宝宝最爱幼儿餐！

水果蛋卷

材料：

土豆50克
西红柿20克
苹果25克
香蕉20克
鸡蛋1个
奶粉15克
食用油适量

制作方法：

1. 将土豆去皮，切丁，煮熟；水果去皮，切丁。

2. 鸡蛋打散，与冲泡好的奶水混合，倒入热油锅中，煎成蛋包。

3. 再将土豆、西红柿和苹果、香蕉放入蛋皮中，包卷起来，切成小卷即可。

小提醒：

鸡蛋的营养成分高，含有维生素C之外的一切营养素，能补充宝宝足够的能量，吸收率高达98%，有利于宝宝头脑的发育。

Part4
宝宝的学习
爸妈应在各层面想办法
提升宝宝的素养

动感力
运动增食欲

动动身体，挑食 out

宝宝偏食，不吃青菜，只爱米饭，容易造成营养不均。深入探究其原因，有很多因素，有时是因为味道不好，有时则是因为宝宝的口腔力量不足，因此，排斥青菜及需要咬食较久的肉类。

加深宝宝均衡饮食的观念

"不挑食舞"结合了街舞元素，专门用来训练宝宝的口腔力量。在跳舞的过程中，不仅通过反复的练习改善宝宝的口腔咬合力，还能给予宝宝正确的均衡饮食概念，让宝宝从心理与生理层面上彻底改善挑食问题。

1. 先让身体热起来

跳舞前一定要做暖身操，这样身体各部位关节及肌肉才能放松，以免剧烈活动时扭伤。记得头、脖子、肩膀、手腕、腰、膝盖到脚踝都要先动一动。做完暖身操后，小朋友先站好，每个人之间各留一些空间，接着，两只手插腰，膝盖微微向外弯曲，由上往下蹲6次。

2. 膝盖开合

上个步骤做完，恢复站立姿势。小朋友的手继续插腰，身体微蹲，膝盖朝身体外侧打开、再往内夹起来，反复做3次。

3. 扭扭脖子

小朋友双手插腰，慢慢扭动脖子，一样重复做3次。

4. 转转肩膀

小朋友的双手插腰，往下蹲，再开腿4次，转动左右肩膀4次。

5. 双手插腰，再扭扭腰

往下蹲，再开腿4次。小朋友的手放在腰部，轻轻扭腰共4次。

6. 双手放膝盖，扭圈圈

小朋友继续往下蹲，再开腿4次，两手放在膝盖上，画圈扭动5次。

运动前小叮咛

宝宝进行各项运动前，做足暖身操非常重要，最好可以先放松一身的关节与肌肉，以免运动时扭伤。妈妈最好督促宝宝适度暖身，无论是膝盖、脖子、腰还是脚踝、手腕等都要事先动一动，先进行热身。"不挑食舞"每日持续三分钟以上，宝宝身上会渐渐浮现效果。

动感力
口腔力量正风行

增进宝宝的口腔力量

宝宝挑食，有时候是咀嚼无力惹的祸，而口腔肌肉其实是可以被训练的。爸妈可以借由体操，让宝宝加强口腔肌肉的力量，以促进其食欲。

训练宝宝的口腔肌肉

宝宝具备强健的口腔肌肉，咀嚼零问题，食欲自然好。无论是纤维丰富的青菜，还是需要较多力气的肉类等，宝宝都需要强健的口腔肌肉，因此，如何加强口腔力量便成了非常重要的课题。通过简单的体操动作来锻炼宝宝的口腔肌肉，不仅具备趣味性，而且还可以提高宝宝的主动性。另外，宝宝对喜欢的食物控制力很差，需要爸妈在喂食时定时定量，养成规律的进食习惯。饭后半小时进行适量的运动，有助于消化，并且不要在晚上让宝宝吃太多食物。

1. 嘟嘴 "u" "u" "u"

小朋友先嘟起嘴巴，发出注音符号的 "u" 音，然后尾音拉长，持续3秒。

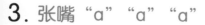

2. 刷牙 "l" "l" "l"

再来，小朋友做出咧嘴微笑的嘴型，发出注音符号的 "l" 音，拉长尾音，一直超过3秒。

3. 张嘴 "a" "a" "a"

最后，小朋友张开嘴巴，发出注音符号的 "a" 音，尾音同样延长，持续达3秒。

动感力
体操招来好朋友

让宝宝变开朗的神奇体操

很多家庭都会面临家中有个"害羞宝宝"的情况，针对这种情形，爸妈应避免高声斥责，才不会让宝宝更加退缩，并且对人群产生畏惧。

害羞宝宝正流行吗？

宝贝在路上遇到亲朋好友，是否总是躲到爸妈身后？在公园也不敢和其他小朋友讲话、玩耍？宝宝太害羞，除了是因为先天性格使然，也可能是缺乏自信心的表现，爸爸妈妈除了要多鼓励孩子说出自己的想法、多赞赏他们来增加他们的自信心，也可以借由游戏、舞蹈，让他们用肢体来表达自己的感受，久而久之，就会变得开朗外向哦！

哈喽操

宝宝过于腼腆，不敢跟亲友说嗨？这时爸妈可以跟着一起跳轻松有趣的"哈喽操"，让小朋友从好玩的动作里，学会交朋友的第一步！运动之前，一定要记得先暖身！

1. 踏踏右脚，伸缩自如

首先，小朋友抬起右脚，朝外踏出去；同时间，两只手放在胸前与肩膀平行，向外打开再收起来，总共3次。

2. 踏踏左脚，弹性自如

接下来，小朋友换抬起左脚，向外踏出去；同时间，两只手放在胸前与肩膀平行，向外打开再收起来，总共3次。

3. 向右边的朋友说 "嗨"

小朋友举起右手，对着右手边的同学或是爸妈、老师说声"嗨"，身体可以轻松、自由地摆动，搭配小朋友最可爱、最开心的笑容，活力十足地打招呼。

4. 向左边的朋友说嗨

小朋友换举起左手，面向左手边的同学或是老师、爸妈打招呼，想一个小朋友认为最帅气、最甜美的招牌表情。

5. 踢出左脚挥右手

小朋友做出踢足球的动作，脸侧转右方，伸出右手挥一挥，跟新朋友说"嗨"！同时不忘递出开朗笑容喔。

6. 踢出右脚挥左手

跟右边的新朋友说完嗨，别忘了左边的新朋友喔！小朋友做出踢足球的动作，脸侧转左方，伸出左手挥一挥说"嗨"！

7. 上下伸展精神好

小朋友两手往上伸直，踏出右脚，做一个舒服的伸展，停留5秒后，把手脚收回来休息5秒钟。再一次把两手往上伸直，踏出左脚，做一个舒服的伸展，并停留5秒钟。

8. 同伴跳跃心情好

最后一个动作，小朋友微蹲往上跳，重复4次，做完后，慢慢踏步调节呼吸，对一起做哈喽操的朋友说声"嗨"！

哈喽简易操

　　家庭聚会，宝宝们彼此陌生时，爸妈可以照着这套体操，让宝宝一起跳。在做哈喽简易操的过程中，宝宝的情绪会因做体操而高昂，自然可以打破彼此的心田，成为好朋友。

1. 两手弯曲，平举、夹紧好有趣

　　小朋友将右脚尖往后点，两手向内弯平举、夹紧共5次，再换成左脚往后点，两手向内弯平举、夹紧共5次。

2. 右脚屈膝，手举高说"嗨"！

　　右脚屈膝，双手举高，用力向远方说3次"嗨"，再换左脚屈膝，双手举高，向远方的朋友用力说哈喽。

动感力
摆脱 O 型腿

调整宝宝的错误腿型

若非先天性特殊骨骼异常，腿型是可以通过肌肉运动来改善的！宝宝一旦腿型弯曲，不仅影响外观，走路时，相较一般的正常腿型，负担也更重了，而且，特定关节部位容易磨损、消耗，严重些地可能导致宝宝拒绝走路。

O 型腿生成原因

O 型腿是宝宝身上常见的现象，很多爸妈发现时，常常感到不知所措，既想纠正宝宝的错误姿势，又害怕造成宝宝的心理压力，而且，也没有具体的解决方案。其实O 型腿成因与骨骼形状、脚内外侧肌肉发展不平均有关，因为腿内侧肌肉力量不够充足才造成这种现象，因此，本小节设计了一套训练操，让宝宝成功摆脱O 型腿。

1. 两手平举至胸前

小朋友右脚往外跨出一步，双手握拳平举至胸前。

2. 伸手往背后拍手

这时候小朋友的重心整个往右移，再把左脚抬起放至右脚跟后，双手伸向背后，并且拍手。

3. 收回左脚，平举双手

小朋友将左脚收回前面，再次将双手平举起来。

4. 伸手往背后再次拍手

这时候小朋友的重心整个往左移，再把右脚抬起放至左脚跟后，双手伸向背后，并且拍手。

5. 伸出食指向前比

小朋友将右脚收回后，改将左脚往前踏，两手一起伸出食指向前比。

6. 左脚移后，手平举

小朋友将左脚移向后方，踏回原地，双手再次平举起来。

7. 双手往后击次掌

小朋友将左脚放在右脚跟后，双手往后最后拍手一次。

8. 换脚动作再一次

小朋友将上列动作换成左脚开始，全部重复一次。

学习力
玩具是最好搭挡

不同阶段的智力开发玩具

孩子们最好的朋友就是玩具，在日常生活中，可以让孩子尽情地玩玩具。根据幼儿发展协会的报告，若能为不同年龄的孩子选择适合的玩具，学习效果可能提高200%，因此，玩具的存在及选择皆非常重要。

正确挑选玩具的方法

孩子在游戏中长大、在游戏中学习，因此，必须选择适合孩子发育程度的玩具，帮助孩子成长。玩具如果过于复杂或过于单调，都无法引起孩子的兴趣。可以将玩具分为培养运动能力型、培养语言能力和社会适应能力型，以及培养创造能力型和培养探索能力型，在选购玩具之前，必须注意观察孩子的发育特点和兴趣，然后挑选出适合孩子的玩具。在爸妈看来，有些玩具既漂亮又有教育意义，但如果功能过于复杂，就会妨碍孩子的注意力和想象力。另外，游戏方法单一的玩具也会降低孩子的判断能力和解决问题的能力，因此，应该选择既好玩又跟周围事物相关的玩具。一般来说，跟已经组合好的玩具相比，可以自由变形的玩具能提高孩子的想象力和认知能力。

培养创造力的玩具

孩子在幼儿期，大脑的发育比较迅速，能体验丰富的感觉，所以要抓住这个时机培养孩子的创造力。为了给刚出生的孩子丰富的刺激，首先要通过训练五感来促进智力发育，这就是开发创造力的基础。

积木

　　大部分爸妈和幼儿教育专家的首选玩具就是积木。一般情况下，其他玩具的游戏方法比较单一，但积木的游戏方法非常丰富，因此，能充分地发挥出孩子的想象力。即使是同一个主题地堆房子，但堆砌方法和排列顺序不同，也能堆出不同形状，因此，能吸引孩子的好奇，一再提高创造力。组装积木的过程能提高想象力，而堆砌积木时，还能提高眼睛和双手的协调能力及操作能力。在组装积木时，孩子们能在接触周围东西的过程中获取经验和知识，一般情况下，孩子们喜欢组装自己看到过、观察过的东西，因此，应该培养孩子对周围事物的观察能力，以及表达观察结论的能力。通过这个过程，不仅可以培养观察能力，还能提高组装以及表达能力，而这些能力正是提高创造力的基础。

学习力
手脚更灵活

培养身体操作能力

这个阶段的孩子，虽然还不能灵活地操作玩具，但已经具备了一定的探索能力，而且比较关心较小的事物，且喜欢独自玩耍，常用周围的玩具做实验。

深入思索，手脚协调

堆砌积木的过程中，孩子会遇到各种问题。例如：在小型积木上面堆大型积木时，很容易倒塌；在只有两个凹陷部位的积木上，无法拼装有三个突出部位的积木。为了解决所遇到的问题，孩子会反复地尝试、反复地思考。通过这个过程，能够提高解决问题的能力，利用独创方法去解决问题的能力，将成为提高创造力的基础，同时也能培养孩子的思考能力。在大部分积木游戏中，需要用手指拿积木或让积木站立，因此，很多人认为玩积木能够锻炼小肌肉，实际上，积木游戏也能促进大肌肉的发育。为了举起积木、抛积木或拼装积木，孩子要不断地爬行或伸直手臂，因此，有利于大肌肉的发育。另外，通过夹积木或堆积木等细微的动作，可以逐渐提高小肌肉的调节能力，而且能培养眼睛和双手的协调能力，有助于视觉发育。

学习力
由美感教育做起

刺激脑细胞的好帮手

孩子在幼儿期，大脑的发育比较迅速，能体验丰富的感觉，所以要抓住这个时机培养孩子的创造力。为了给刚出生的孩子丰富刺激，首先要通过训练五感来促进智力发育，这就是开发创造力的基础。为了打好这种基础，应选择音乐玩具或美术玩具。

感受音乐，体验美术

刚出生的孩子虽然不会弹奏乐器，但能感受音乐，而且对铃铛所发出的声音，能作出强烈的反应。另外，动听的声音能稳定孩子的情绪，和已经制作好的玩具相比，孩子能够独自拼装的半成品更有利于创造力的培养，因此，必须让孩子玩可以依照自己的想法随意改变的美术玩具和音乐玩具，自由地培养孩子的思维和情感。一味地诱导孩子产生荒唐的想法并不是培养创造力的正确方法，通过玩具培养创造力之前，孩子必须具备一定的想象力、组装能力、探索能力、解决问题的能力、操作能力、耐心、注意力、表达能力，因此，玩具的选择和爸妈的指导具有举足轻重的作用。

学习力
感知是一切起点

智力开发游戏

有助于身体发育，而且能刺激脑细胞的游戏，也应该遵守一定的顺序和时机。爸妈如何为自家宝贝挑选最适合的各阶段游戏，最先决的条件，就是依宝宝状况来作调整。

刺激五感的身体接触游戏

在这个时期，孩子的活动意识比较强烈，对身体的好奇心是促进发育的原动力。此时，如果活动意识停滞不前，孩子就不能认识自己，同时也无法接触他人。简单地说，孩子不会区分外界和自我，容易把一切东西都当成是自己的。这种想法会影响孩子了解外界的兴趣，以及独立的探索欲望，因此，必须让孩子经常玩可活动身体的知觉游戏。

刺激好奇心，培养观察力

经由身体的五感体验大自然，可以激起孩子的好奇心，还能培养想象力和创造力。宝宝通过嗅觉、味觉、触觉、听觉以及视觉，感受到自然的细节，不仅激起好奇心，也对生命产生友善与喜爱。

自然游戏

孩子用手触摸沙子，有助于触觉的发育，而且经由寻宝游戏能刺激想象力，增强记忆力。收集和观察各种树叶的过程中，则能提高对事物的观察力和注意力。也可以尝试让孩子进行独木桥游戏，不但可以锻炼孩子大肌肉的力量，而且能提高注意力。在没有危险性的草地上，不妨让孩子光脚走路，清草与土地经由皮肤直接带给孩子感受，既能拉近孩子和大自然的距离，又能锻炼触感的敏锐程度。另外，孩子在观察植物发芽、开花、变成种子的过程中，能理解植物的特性，而且能亲近大自然。

学习力

聆听，给予尊重

提高思维能力的对话方法

　　有些孩子会在爸妈面前兴致勃勃地讲话，但在别人面前就表现得很害羞；有些孩子不会表达自己的想法，只想依赖爸妈。在日常生活中，应该耐性而专注地聆听孩子的话语，然后通过"同等地位"的对话法培养孩子的语言能力和思考能力。

注意聆听孩子的意见

　　为了在"同等地位"下跟孩子对话，必须"无条件地聆听孩子的意见"。在日常生活中，不用制订任何计划，反而应该认真地聆听孩子的想法，然后做出相对的反应使孩子继续发表自己的意见，即使孩子的想法很幼稚，但却能够在这样的对话内容中逐渐提高逻辑能力。孩子的话就是对他们所看到、听到、感受到、思考到的问题的一种表达，即使是非常琐碎的事情，却代表他们的切身的感受，如果无视孩子们的想法，就会打击他们的积极性，因此，必须适当地做出被感动的表情。对话不等于背诵句子，因此，必须鼓励孩子尽情表达自己的想法，在日常生活中，如果经常打击孩子的积极性，那么即使强迫孩子死记硬背也无济于事。对孩子来说，文字和图画具有同样的意义，经常用文字表达孩子所说的话，孩子不仅会轻松地接受文字，而且会爱上文字。

促进大脑刺激的对话方法

对孩子的脑细胞来说，爸妈富有创造力的提问和回答是最好的"肥料"。那么，什么是提高孩子的智力和自信心的对话方法呢？下面将详细介绍孩子疑问增多的理由、判断妈妈的对话类型的方法，以及让孩子变聪明的实战训练对话法。

满足宝宝的好奇心

两岁的孩子和妈妈坐在公车里，窗外消防车呼啸而过，宝宝看见后立刻好奇地问："为什么消防车是红色的？""因为要提醒大家它要去救火。""为什么会发出鸣笛声？""因为火灾很紧急，要通知大家赶快让路。""为什么消防员叔叔的制服跟别人不同？""因为他们要救火，衣服上是不怕火的材质。"所有的事物和现象都能引起孩子的好奇。孩子的提问并非每次都如此可爱，也有可能提出"为什么这个叔叔没头发"这类令爸妈感到非常尴尬的问题，这时候，千万不可喝斥孩子，应以柔和的态度来与孩子对话，引导他做更伸入地思考。

学习力
培养思考的习惯

通过一句话，就能培养聪明孩子

创造力、独立性和逻辑思维能力是大脑发育的基础，爸妈只需用一句话就能培养出这些能力。在育儿的过程中，很多爸妈会遇到很多不一样的情况，针对这些状况，爸妈应该给予耐心、引导以及尊重。

培养创造力的对话方法

日常生活中，可以让孩子想象出在实际生活中看不到的实物或事情，然后用语言表达自己想象的结果。此时，即使孩子说的东西很荒唐，但只要对孩子有帮助，那么就必须鼓励孩子自由地发表意见。玩想象游戏时，还可以同时玩角色扮演游戏。一般情况下，应该由妈妈提出"如果城市内出现恐龙该怎么办"、"如果有一天飞到没有人的宇宙怎么办"、"如果隔天醒来忽然变成大人怎么办"等问题。当孩子对某些事物或现象产生好奇心时，就应该展开能够增强其好奇心并能开阔思维的对话，尤其当孩子满两岁以后，经常会问"为什么"，这个时候绝对不能轻率地敷衍或回避答案，避免打击孩子的好奇心。

学习力
开发创造力

通过后天努力开发出创造力

创造力是主宰 21 世纪发展的主要动力。一般来说，智商会受遗传的影响，但通过后天的努力和教育可以培养出创造力，因此，先天智慧并不是影响创造力的唯一因素，这种能力是可以经由后天学习产生的。

何谓创造力?

创造力的概念来自英才研究，过去，只有高智商的孩子才能叫天才。一般情况下，天才的智商超过130，而且仅占全人口的3%，最近，随着天才研究的发展，修改了对天才的定义。研究结果显示，单纯智商较高的人对社会发展或自己的发展没有特别的影响，因此，智商超过115，而且创造力和集中力出色的人也能叫做天才。在天才的定义中增加了创造力的要素，因此，创造力开始受到人们的关注。那么，何谓创造力呢? 笼统地讲，创造力就是"与众不同的想法，与一般理念截然不同的想法"。创造力最重要的就是"求新"，因此，每天都有不同的想法和行为就是创造力的典型表现。具有创造力的人对每天接触的环境总有崭新的想法。例如: 他们对周围的环境有强烈的好奇心、天为什么会是蓝色的呢、人为什么会分为男人和女人等问题，对周围的事物不感兴趣的人绝对成不了有创造力的人。在日常生活中，爸妈应多关心孩子们的奇思妙想，而且要及时给予适当的答案和鼓励。

学习力
聆听而后学习

适合一岁宝宝的语言刺激育儿法

宝宝学语言的能力和智力发育有密切关系，依照宝宝的个体情况因材施教，培养宝宝学习语言的兴趣，孩子就能较早地学会说话。

要让孩子学好语言，就应该多给他听各种声音

为了让宝宝学好语言，应该让其多听各种声音。听是学说话的前提，也是刺激说话欲望的手段。为了使孩子尽快地学会说话，应该从新生儿时期开始，为孩子打造良好的语言环境，而且要激发孩子学语言的欲望。影响学说话过程的语言环境可分为以下三种：第一，通过跟爸妈的对话感受语言；第二，通过电视、广播等大众媒体感受语言；第三，通过妈妈给宝宝讲的故事或独自阅读的画册感受语言。在孩子的发育过程中，如果适当地利用以上的环境刺激孩子学习语言的兴趣，相信孩子很快就能学会说话。

生活力
特殊的爱

爸妈有给孩子想要的爱吗

成长需要充足的爱，研究显示，在爸妈关爱中长大的孩子，不但人格较为健全，学习能力也较强。

专家来解说

孩子成长过程中，会遇到很多冲突和矛盾，也会有很多情绪，各位爸爸妈妈是否真地能够接纳、了解孩子的情绪呢？现在就让您的宝贝回答下列问题，看看自己的亲子沟通方式，是否有照顾到孩子的需要。

给孩子的心理测验

小朋友，你认为发生以下情形，爸妈的反应会是什么？

1. 上完幼儿园，因为被老师责骂，所以你跟爸妈说："我不想去学校了，老师会骂我。"爸妈的反应是什么？

    A.你到底做了什么事？为什么老师会骂你？

    B.你觉得很难过吗？

2. 你回家对爸妈说："我讨厌小华，真希望他去死。"他们的反应是什么？

    A.你怎么可以说这种话？真是个坏小孩！

    B.怎么了？你们吵架了吗？

3. 用餐时，你说自己不喜欢吃青菜，爸妈会说什么？

    A.叫你吃就吃！有的吃就不错了！还挑！

    B.可以告诉我为什么不喜欢吗？

4. 就寝时，你跟爸妈说："今天我不要你陪，我要奶奶陪我睡！"他们的反应会是什么？

    A.你说什么？！再说一次我就揍你！

    B.我知道你很想奶奶，但是……

5. 如果家里有客人来访，你不想跟年龄相仿的小客人分享自己的玩具，爸妈会说什么？

    A.爸妈是这样教你的吗？自私自利！当然要跟小朋友一起玩！

    B.我知道你喜欢这个玩具，不想跟别人一起玩，但是……

专家来解说

    测验结束后，可以统计一下小朋友的答案，爸妈在孩子心目中的样子立刻清楚浮现了！选A较多者，代表在小朋友的眼中，爸妈是专制权威的父母，经常会以命令来互动；选B较多者，代表在小朋友的眼中，爸妈是开明好沟通的父母，这是较好的亲子沟通模式。

生活力
勇敢认错

孩子不认错背后的原因

　　小朋友从小接触世界开始，每一分每一秒都在观察跟学习，有时从爸妈的教导中获得知识与常识，有时则是从自己过去的错误经验中累积，在这些过程中难免会做错事，爸妈不用大惊小怪，但若是做错了又不肯认错，应该怎么做呢？

专家来解说

　　小朋友倔强、不认错，背后有很多原因，爸妈责备孩子前，应该先了解背后原因到底是什么，再针对情况来做引导，才是一个较好的亲子沟通模式。若是爸妈一昧生气、责骂，不去深究背后原因，则无法根本导正孩子的行为。

给孩子的心理测验

　　小狗花花咬破了小主人的袜子，小主人拿着证据问花花："花花，这是你咬的吧？"但花花却把头撇到一旁去，不想承认自己的顽皮行为。

小朋友，你觉得为什么花花不跟小主人认错呢？

A.承认会被处罚。

B.大家都在看，它怎么好意思让大家知道做错事。

C.就咬几口而已，又不会少块肉！

D.你们也常常不认错啊。

专家来解说

选择 A

选择这个答案的小朋友具有侥幸心态，害怕被骂是不敢认错的主因，可能源于过去认错却被严厉喝斥的经验。在处理这种孩子的错误时，应该诉之以理，让他自己反省，而不是在他做错时，第一时间就训斥。

选择 B

这类的小朋友通常敏感又害羞，经常觉得别人在嘲笑、侮辱他，因此，当他在大庭广众下犯错时，爸妈最好给他台阶下，才能维护他的自尊心。而爸妈平常对待这类型的孩子，最好也能像朋友一样谈心，多支持、了解他的想法。

选择 C

选择这个答案的小朋友较倔强，不认错是因为不觉自己哪里做错，有时还会和爸妈争辩，教育这类型的孩子，爸妈要特别有耐心，听完孩子的说辞和逻辑，再订定适当规则，让小朋友了解对和错的界限。

选择 D

这类小朋友存在一种模仿心理，要以爸妈平日的身教来加以对抗。小朋友如果有这种想法，爸妈可能要深入思考，是否一直是以不可违抗的权威态度对待子女？因此，爸妈最好以身作则，让孩子学习勇敢认错。

情绪力
别让宝宝不开心

小游戏看出孩子个性及压抑指数

每个孩子个性大不同，受压反应也相异，爸妈在小朋友一岁后开始希望他学习一些知识，这个过程中，小朋友的个性差异会表现得更明显，爸妈知道孩子的潜在个性吗？知道他们在面对挫折压力时，会出现什么反应吗？

专家来解说

通过小游戏"撕纸"，爸妈可观察孩子的潜在个性及"压抑指数"，遇到困难、挫折时，孩子会选择什么方式处理呢？从这个小游戏，爸妈可以一目了然。

给孩子的小测验

爸妈准备一张有点硬度的纸（牛皮纸），请小朋友将它任意撕开。

专家来解说

小朋友完成后，请爸妈仔细观察一下碎纸型态，不同型态代表不同性格及心理状态，常见以下四大类：

一、乱撕

孩子用力将纸撕成不规则状，通常性格快乐开朗，直率表达情感，压抑指数非常低，但这类型的孩子若无法得其所愿，不满的情绪会立刻爆发，爸妈需要耐心应对。

二、思考后，撕成某种形状

孩子撕纸前仔细思考过，才撕成特定形状，像是星星、爱心等，代表头脑聪颖、思虑周到，属于计划、慢热型性格。这类型的孩子压抑指数不高，但因为爱思考常有心事，爸妈需要耐心引导，他们才会愿意说出来。

三、撕成相同大小的条状

若是孩子仔细地将纸撕成一条条，并且大小一致，代表他可能一直活在自己的世界，属于封闭型的孩子，压抑指数也会偏高。这类型的孩子较固执、没耐性，很多心事都积压在心头。建议爸妈不妨每天看着他的眼睛十分钟，耐心引导孩子分享自己的心事。

四、折完再撕

孩子撕纸前会折好，再沿折痕撕开，不满意还要修饰，代表他是个极度依赖规矩、条理以及框架的小朋友，个性中规中矩，压抑指数最高。这类型的孩子很守规则，可能是爸妈眼中的乖小孩，但要注意乖巧的孩子最容易出问题，爸妈还是要多鼓励他们放轻松，并且勇于表达自己的想法。

孩子的内心世界

孩子进到托儿所后，开始进入群居生活，爸妈担心小朋友在托儿所是否过得开心？与其他小朋友是否有摩擦？

专家来解说

孩子进入群居生活后，很多爸妈都很担心孩子在托儿所受到欺负，其实在团体生活中，这种情况无法完全避免，更重要的是，当问题发生时，爸妈要如何协助及引导孩子面对，使他们平复心情，走过情绪低潮。

给孩子的心理测验

如果别的小朋友欺负你，你的反应通常会是什么？

1. 哭泣
2. 郁闷
3. 悲伤、消沉
4. 愤怒
5. 自卑

专家来解说

选项中的五种反应，各自代表五种不同个性的孩子，爸妈可以看看自家的宝贝是哪一类，再针对他们的需求，来安慰与引导负面情绪。

选择 1 哭泣

拥抱是对待这类孩子的最佳方式。孩子哭泣时，会分泌"催产素"，导致情绪激动、难以平复，爸妈若能在这时给予拥抱，不仅能安抚情绪，感觉也会转向正面，等一切平静后，再给予孩子心理建设吧！

选择 2 郁闷

出去走走是对待这类孩子的最好方法。孩子的心智尚未成熟，极容易困在自己的负面情绪中绕不出来，这时候，爸妈可以带他们外出散心，使孩子的心思转移至其他更有趣的事物，而非沉浸在自己的郁闷世界中。

选择 3 悲伤、消沉

陪伴跟示爱是对待这类孩子的极佳办法。选择这个选项的孩子遇到问题无法解决，常以睡觉、独自发愁来逃避，因为心思较敏感，因此，经常感觉被忽略，建议爸妈要常对孩子说"我爱你"，让他感觉时刻被关心，而且自己是无可取代的。

选择 4 愤怒

接纳生气反应是面对这类孩子的妙方。孩子的情绪需要出口，但多数爸妈选择在孩子发怒时立刻制止，对于这类型的孩子来说，较为不适合。小朋友感到委屈而愤怒，爸妈应该让他发泄后在他平静时与他深聊。

选择 5 自卑

多给予肯定、相信与鼓励是面对这类孩子的绝佳方法。此类型的小朋友缺乏自信，只要发生问题，多半认为是自己的错，爸妈一定要耐心地分析是非对错给他们听，使其摆脱自卑自责，平常尽量多夸赞孩子的长处，增加他们的自信心！

专注力
从小做起

培养孩子的专注力

记忆力是学习的关键，每个小朋友的表现都不同，有人记忆绝佳，有人说过即忘。若是孩子记性不好，爸妈不要太心急，可以训练孩子利用颜色、分类、趣味等方式，来增强对事物的印象！让孩子通过游戏快乐地学习，可达到事半功倍的效果。

给孩子的小测验

小朋友，利用短短十秒的时间，记住下图的各项汽车零件，请猜这些零件会拼成下面图中的哪辆车呢？（答案见下页）

专家来解说

　　这个游戏是让孩子从辨认颜色、形状中培养专注力，将细节进行组合复原，只要孩子大脑习惯此种模式，便很容易记得新学习到的事物了。

　　爸妈也可以用积木堆起一座小城堡，请孩子观察城堡是何种颜色、形状组成的，接着动手造出一模一样的城堡，借此让孩子习惯观察的重要性，培养思考的好习惯。

训练孩子的观察力

观察力是孩子最初的驱动力，更是奠定记忆、逻辑以及方向感的基石，小朋友通过观察来了解这个世界的运作，并且定位人与人之间的关系。爸妈应该多鼓励孩子细心观察事物，并将心得说出来，这样不仅可以加强看与想之间的联结，也可以使小朋友的学习力更强，脑筋更好！

给孩子的小测验

小朋友，利用短短十秒的时间，找出两只恐龙有哪些地方不一样？（答案见下页）

　　"找出哪些地方不一样"这种类型的游戏，非常适合训练小朋友的观察力，这个题目又增加了些许困难度，包含角度变换，以此让孩子领会到空间与方向的具体变化。

专注力
观察崇拜的角色

从有兴趣的角色培养专注力

小朋友常说："我想成为国王（或公主、司机等各种角色）！"爸妈不妨和孩子玩个小游戏，借此来培养小朋友的观察力，进而提升专注力。

专家来解说

　　孩子想要成为什么角色，那角色必定有吸引孩子的地方，这个时候，爸妈应该引导小朋友观察他喜欢的角色身上有什么特质。例如：孩子想成为国王，爸妈可以询问："国王身上会有什么特征呢？"孩子若是回答不出来，爸妈可以利用手边有国王的图画书，引导孩子观察国王的特质，包含皇冠、王杖以及华丽的袍子等。

A 国王　　B 爸爸　　C 第一名

D 司机　　E 青蛙　　F 冒险家

在孩子的世界里，想象是无穷无尽的，爸妈询问孩子想成为谁，可能得到各式各样的答案，像是国王、司机、冒险家，甚至是爸爸、第一名还有青蛙，答案五花八门。爸妈可以引导孩子分享自己崇拜角色的特质，在这个过程中，小朋友不只开始观察，也学会分析及叙述。

A. 国王

国王的个性很威严，头戴镶着宝石的皇冠，有时候还会拿着黄金打造的权杖，常常巡视自己的领土，身上还会穿着华丽的大袍子。

B. 爸爸

日常生活中爸爸经常做些什么呢？坐在客厅喝茶看报纸，还是常常陪小朋友玩耍？爸爸的外观如何？留着胡子或是戴眼精？

C. 第一名

常受人称赞的第一名拥有什么特质？认真勤奋的态度？露出笑容的时间多吗？爸妈可以一道探究孩子想成为第一名的背后原因。

D. 司机

司机常常对顾客露出微笑，而且很有礼貌，有时候还会见义勇为。他们常常身穿制服，开车时背挺得好直，每天感觉都很有精神。

E. 青蛙

青蛙常出现在水塘边，会发出呱呱声，下雨天最常看见它们了。青蛙后腿很有力量，可以一跃好几厘米，让人找不到它的踪迹。

F. 冒险家

冒险家有健康的身体、矫健的手脚以及聪明的脑袋，对于很多地方都存有冒险心，非常喜欢新事物。

专注力
积木是好帮手之一

给孩子立体的空间概念

　　孩子从爬出第一步开始，人生立刻从平面转为立体，随着学会的技能越多，探索这个世界的深度也逐渐增加，随着年纪增长，空间认知更加完整。爸妈可以通过许多玩具、图型以及颜色，来强化孩子的空间立体概念，使他们更加灵活聪明！

给孩子的小测验

　　小朋友，右上角的积木可以拼成什么形状呢？（答案见下页）

专家来解说

　　让孩子拥有立体概念是非常重要的！小朋友拥有立体感后，对于空间、颜色以及五感认知会更加敏锐，对于往后的教育也大有帮助。

　　这个阶段的小朋友可能无法了解空间的概念，爸妈可以从颜色跟数量着手，让孩子从自己熟悉的已知常识入门，慢慢接触空间概念，才不会对孩子的求知产生压迫感。

Part5
宝宝的情感与社交

社交与情感是奠定
宝宝人格的基础

两岁孩童的情感发展

情感是宝宝心理层面的
重要成分

情感发展是宝宝心理健康的核心内容与重要标志，具有其他心理层面所不能替代的作用。让每个孩子在色彩丰富的情感世界中漫行，折射出真、善、美的光芒。

情绪智商的影响

个人成就的取得绝不仅仅依赖智商（Intelligence Quotient，即IQ），而更在于情绪智商（Emotion Quotient，即EQ）的深刻影响。情绪智商包括人对自己情绪的控制能力，面对挫折的乐观程度和对他人情感的认识能力等范畴，高情绪智商的人不怕困难，易与人合作，从而更易成功。

孩童的情感表现

教会孩子愿意表露自己的情感，在团体活动中能用恰当的言语、动作和表情来表达自己高兴或生气的感受，学会选择合适的场合和物品来表露自己的各种情绪。

爸妈不要一味压抑孩子的情绪，让孩子在每次抒发的过程中，找到与自己情绪共处的方法，才是一个较好的处理方式。

陶冶孩童的情感　宝宝的心理需求

有意制造条件

刚入幼儿园时，一些小班孩子会无止尽地哭闹，其内心多半有着极强烈的爱抚需求；而中班的一些孩子则把目光盯着老

师，却不敢与老师说话，表现出距离感，其心中往往有着渴望得到呵护的需要。这时教师要充分运用暗示技巧，让孩子尽快进入良好的适应状态。

让孩子逐步自觉地进行 指向性选择

如不少幼儿热衷于"打小报告"，尤其是告状之后，老师马上会对另一个孩子批评一番，这种风气一长，实在是老师误导了孩子的需要。而当老师宣导在全班形成"好事情大声说，小朋友的缺点悄悄说"的风气，再对告状的小朋友说一句"你有什么好办法来帮助他吗"，这样既抑制了告状小朋友只想得到表扬以及看到别人受批评的满足感，又逐步激发了每位小朋友去发现别人的长处，乐意说明别人的需要。

抓准时机

如幼儿在敲击乐器活动中，往往只顾满足自己的好奇心，自顾自地敲打乐器，这时教师有意识地提出"你们听听看，在敲打乐器时，既要听到自己敲打的声音，还要听到别人敲打的好听的声音，看看你们的小耳朵灵不灵？"果然，孩子们开始注意控制自己的声音和节奏，在取得良好合奏效果的同时，也使孩子体验到合作的欢乐与满足。

放手自立

大多数的幼儿，在吃饭时可以使用汤匙独立进食。但也有不太会用的幼儿，打翻的比吃的还多。身为父母，自然而然就想喂幼儿进食，但一定会遭到宝宝的拒绝，因为幼儿无论如何都想自己独立进食。有时还会出现扔下汤匙，干脆用手抓着进食的情况。还有就是到饭桌前就座，也坚持要自己独立坐到椅子上。如果爸妈插手帮他，就会抗议甚至大哭。有时看起来像是要从椅子上摔下来，使得在旁边看护的父母紧张不已。此时，父母可以考虑购买方便幼儿攀登并坐上去的椅子。

父母过于注重外观的整洁

家长过于强调"保持清洁"而不顾孩子爱玩的天性。孩子一旦放弃在尘土中玩游戏的乐趣，他们便会感到失落与空虚，从而产生对立情绪。也许保持着清洁外表的孩子，内心活活泼泼的童心却正渐渐地转为失望与愤恨。

老师、父母的忽视冷落

孩子如果得不到注意也会引起不安和焦虑，尤其是一心想得到别人注意以求得自己满意的儿童更是如此。幼儿园的教师也同样要注意这一问题，把自己的爱平均地洒向每个孩子，不可因自己的偏爱而让个别孩子受到冷落，从而在其心中留下阴影。

父母失当的管教

过于严厉的管教或经常性的喝斥、责备，会使孩子萌生愤怒感。这在孩子的"第一反抗期"出现得较多。父母的恨铁不成钢，常会表现在语言的喝斥上，令本来心情舒适的孩子备感扫兴与尴尬。

给爸妈的贴心建议

给父母的建议

我们还要根据不同性格、不同特征的孩子，给予不同的引导。了解孩子发脾气的原因，予以分析引导，提出孩子易接受的建议，如可以去空旷的场地上赛跑，可以套上拳击套，对着不容易受伤害的物体宣泄一番，忘却一切烦恼。

到了一岁后期，幼儿就进入了所谓"第一反抗期"的时期，过去老实听话的小孩，开始变得任性，经常说："不要"。这在父母看来，很难让事情顺利地进行下去，但将这种情况判定为幼儿的"反抗"，或许只是成人单方面的看法。

引导孩童将心比心 指引良善行为

理解与尊重

人的情感是一种主观的、内在体验的产物。它需要以各种不同的方式宣泄。因此，就情感本身而言，它是一种自然的真情流露，并无是非之分。许多情况还证明情感丰富的人比情感淡漠的人更聪慧。当孩子表露真情时，父母不应加以抑制和阻止，那样不利于孩子的心理发展。相反地，应该给予支持和鼓励，让孩子能够毫无顾忌地表达自己的情感。

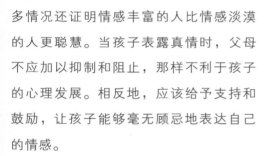

渐进式引领

循循善诱，告诉孩子该以哪种方式来表露真情。有的孩子每当家里来了客人时，就成了调皮捣蛋的"小讨厌"。虽然，他也想表示自己的高兴和快乐，但是其"人来疯"的行为，着实让父母大伤脑筋。此时就需要家长以平静、理解、尊重的态度来对待孩子的情感。可以在肯定孩子的心里感受之后，指出其表达方式的不妥，并教给孩子一些待客之道。快乐并不一定非要手舞足蹈，一个淡淡的微笑，也同样能使人感到温馨愉快。

强化孩子的情感体验

幼儿直接经历过的情景，比起故事、图片更能引起他的情感共鸣，也更能进入其心灵深处。因此，在客人的微笑和赞许声中，孩子便获得了情感的满足，产生积极的情感体验。多次的强化以后，能使孩子在往后同样的情境下能正确地表达情感，并逐渐成为一种稳定的情绪定势。

自我意识加深

幼儿到了两岁时，会意识到周围有人在观察自己的行动。例如：面对照相机，能意识到是在照相而微笑；如果家中来了客人，会比平时表现得更为听话。自己能在一定程度上意识到对方对自己所做事情的看法，由此做出配合对方的举动，但不能长时间保持这种状况。就像前面所述，幼儿会相当程度地受到周围环境的影响，但这种意识不能长时间持续，很快就会变得无法忍受。因此，如果反复让他面对照相机，就会嘟嘟囔囔地开始觉得厌烦；客人初到时会显得比较安静，过一会儿又会开始顽皮起来。

丰富多变
的情感层面

两岁孩童的情感表现

人们总以为成人的情感世界丰富多彩、千变万化，而孩子的情感世界却单纯透明、一目了然。其实不然，孩子们同样拥有一个色彩丰富的情感世界。

幼童的恐惧心理

恐惧是一种不良的情绪表现，是幼儿期表现较为突出的心理行为偏移。这里所要谈的恐惧，是一种不合理的害怕情绪，也就是指儿童在遇到一些没有真正危险或危险程度不大的事物或情境时，产生的过度的害怕。例如：怕黑、怕血、怕高等。

恐惧的现象

幼儿在恐惧时，会出现判断力和理解力降低，甚至丧失理智和自制力等变化。

同时，也可能引起呼吸降低、心律加快、血压升高、口干、出汗等身体变化。

孩童的恐惧从何而来？ 孩童的梦魇

遗传下来的恐惧

生活中，我们常会有这种体验：当听到巨响和身体失去平衡时会产生恐惧。幼小的婴孩听到巨大的声响时，他会惊骇或狂哭等，这种人的先天的恐惧，确切地说是一种生理的反应。

经验得来的恐惧

主要源自于直接的体验、观察与模仿。例如：孩子不小心被狗咬了一下，以后听见狗吠就心惊肉跳，或是从此害怕狗；或孩子在电影中、生活中看到他人对某些事物、情境的恐惧，以后类似事物或情境出现时，他也会产生恐惧。

大人的恐吓

孩童的恐惧与他幼小无知及成人的不正确教育也有很大关系。有些家长在孩子顽皮或不听话时常常恐吓孩子，说什么鬼来了、大野狼来了。

恐惧心理

一岁宝宝常常会摔跤，但一点儿也不怕，跌倒了还是想要四处奔走。到了两岁的时候，由于运动能力快速提升，对外面世界的认识也大大扩展。本以为他们会积极地外出活动，但事实上却并不是这样。在一岁时积极步行的幼儿，到了两岁，反而会因为害怕汽车、没有母亲陪同而不愿意外出。并且，过去不太在意动物的幼儿，突然开始害怕猫、狗，一见到这些动物就哭了起来，并紧紧跟在母亲身后。令做父母的感觉到孩子怎么突然变得胆却和懦弱了！

给爸妈的贴心建议

如何消除孩童的恐惧？

一些研究者认为，许多恐惧是通过后天学习获得的，那么恐惧也可以通过后天的重新学习而被克服。防止孩童的恐惧心理，就必须为孩童创造一种宽松和谐的生活环境，给予丰富的知识、正确的科学教育。

孩童的过度依赖 避免坏习惯的建立

过度依赖并非好现象

一个幼儿往往要有六个直接扶持者：父母、祖父母、外祖父母，可以说是"众人扶一"。这对幼儿发展来说并非是好事，一切都依赖成人，自己不会积极地进行活动、思考和游戏等。

一、母亲与子女接触过多

母亲总是与孩子睡在一起，过分喜欢孩子，想把孩子置于自己眼睛看得见的地方，孩子一离开，就会忐忑不安。

二、始终把子女当做小孩看待

孩子自己能够做的事，做父母的也要包办代替，例如：替孩子穿脱衣服、系鞋带等。

三、妨碍孩子的独立行动

父母亲始终守着孩子，注意孩子的一举一动，对于孩子的自发性活动，会加以阻拦和感到不安。

四、过于宠爱孩子

给孩子特权，对孩子百依百顺。

消除孩童的过度依赖 # 适时放手吧！

调整关爱的方式

父母应该要先调整好自己的心态，把这看成是孩子学会独立、走向社会的第一步，克服自身心理上的种种不安以免影响孩子。然后，可以事先带孩子上幼儿园玩玩，用愉快的语气讲述有关幼儿园里的生活趣事，使孩子消除对幼儿园生活的害怕之情，产生向往之意；在孩子入园离别的时候，家长应微笑着鼓励孩子去面对新的小朋友和老师。

协助孩童拓展社交圈

父母鼓励孩子结交同龄朋友，体验与别人一块玩的乐趣，积累家人分离的经验。孩子一旦尝到与同伴玩耍的甜美，则会慢慢减轻对父母的过度思念和依恋，同时在游戏中，孩子也得适应和学会一定的规则和方法，这对他成为社会化的人是非常必要的。

扩充孩童的生活内容

家长可以有计划地带孩子游览公园、郊外、参观画展、听音乐会、进行野外郊游等，从而激发孩子对周围美好事物的兴趣，增长知识，逐步养成活泼开朗的性格。

培养独立的能力与自信

幼儿在成功的愉快体验中会增强自信心，而且自己的事会更乐意自己动手。另外，家长在幼儿具备一定自理能力后，应鼓励孩子做力所能及的家务，例如：扫地、擦桌、端饭碗等，以改变"饭来张口，衣来伸手"的依赖习惯。

我也要做

两岁幼儿这种想要"自己做"的愿望，从智能上的发展来看，与"我也要做"相关联。例如：家人一起谈笑时，幼儿想要加入，虽然还不能完全理解谈话的内容，但是只要一听到自己熟悉的语句时，就会非常得意地说起相关的话题。例如：听到家人有关棒球的谈话时提到"球"，就会立刻说："我也有一个球"。或许成人会觉得话题有所偏离，但对两岁幼儿来说，他是在竭尽全力地"参与"。所以如果能让大家都听到自己的话，他就会感受到自己也能加入谈话，而产生莫名的喜悦感。

孩童的胆怯心理 引导与建立

父母过度的关爱

现在的孩子因为大多是独生子女，便成了家庭的"掌上明珠"。家长们对这个"宝贝"百般呵护，总怀有"含在嘴里怕化了，捧在手里怕摔了"的心态。孩子一离开，家长就会六神无主。他们时时刻刻提醒孩子这个要小心，那个要注意，以免弄伤了自己。渐渐地，家长的这种微妙的情绪传染给了孩子，使他们认为一旦离开父母，便处于危险之中，只有待在家中才安全、自由。

狭小的活动范围

有些家长常常由于各种原因把孩子安置在家中独自游玩，或与有限的几个家庭成员交往。长期的单一刺激使得孩子对家庭以外的环境感到十分陌生，他们不知道如何与家长以外的人交往，如何去应对外在的变化。孩童感到自己对外界的一切都无能为力，他们只有退回到他熟悉的家才能大显身手。因此，他们拒绝合群，拒绝交往。

错误的教导方式

有些家长与老师在孩子遇到困难时不是耐心地指点帮助，在孩子遇到挫折时不是积极地激励与引导，而是简单地一句："你怎么这么笨！"结果孩子真的受到了这种声音的暗示，认为自己确实无能。因此，在以后的生活中，他自愿放弃机会。

消除孩童的胆怯心理 从根本做起

积极尝试，加强训练

在教师、家长的"无视"下，孩子更加否定自己、怀疑自己，变得更加胆怯。因此，要改变孩子的胆怯心理，就需给孩子多种机会向胆怯挑战。而尝试目标不可过高，应是孩子力所能及的事，这样才能使孩子在尝试中获得成功，从而一步步摆脱胆怯，走向自信。例如：有些孩子不愿在众人面前表演，家长可先让他在爷爷奶奶面前表演，然后在亲戚朋友面前表演，再逐步扩大范围。只要孩子肯表演，不论其表演质量如何，都应给予肯定，并对其勇敢尝试的行为加以赞赏。

扩大活动范围

幼儿的胆怯源于对环境和人的陌生感，而这种陌生感往往是由于活动范围狭窄所引起的。所以，要消除幼儿对环境的陌生感，就应扩大幼儿的活动范围，促进各种有益交往，使幼儿在活动交往中获取更多的信息，增强对外界环境的适应能力和与人的交往能力，从而增强自信，消除胆怯。

传授活动技巧

尤其是对那些已经胆怯的幼儿来说，更会加重其胆怯程度。因为，他们稚嫩的心灵还很难承受这样的打击。他们很难像成人那样正视失败。他们常常把原因归咎于自己的无能。所以，要消除孩子的胆怯心理，就应避免或减少孩子的失败行为，增加其成功的体验。而成功来自于能力，来自于勤奋。要使孩子获取成功，教育者就需向他传授必要的技能、技巧，以帮助他增强能力，应对外界的各种变化。当他在自己的一次次尝试中获取成功时，他便品尝了成功的愉悦，增强了自信，走出了胆怯的阴影。

给爸妈的贴心建议

给予胆怯的孩童鼓励

胆怯是人们前进道路上一座无形的屏障，它压制了人的才智，阻碍了人的进取。家长们、老师们，当你发现你的孩子、你的小朋友胆怯时，请不要忘记对他说："勇敢亮出自我，昂起头来，再试一次，你一定会成功的。"

培养孩童的受挫能力 鼓励代替责骂

何谓挫折？

挫折是指人们在追求某种目标的活动过程中受到阻碍或干扰，致使目标不能实现的情况。家长采取帮助孩子逃避挫折的办法，是一种自欺欺人的想法，它只会为孩子带来更大的挫折、更多的痛苦。要战胜挫折，必须善于接受现实，勇敢地面对困难。

有意设置障碍

教师、家长在平时学习和生活中，有意地给孩子设置一些障碍，是为了培养孩子更好地分析问题、解决困难的能力，使他们在遇到挫折时有足够的心理准备，并能冲破阻碍、重新站起来，实现自己的目标。

及时开导，正确理解挫折

当孩童受挫又难以排解时，老师、家长不能采取"无视"的态度，而应及时开导，帮助孩子正确地理解挫折。这一点对幼儿来说十分重要，因为他们年幼、经验少，不可能全面地看问题，也没有很强的自我调节能力。

鼓励克服困难

教师、家长在平时孩子遇到困难时，教育孩子采取不回避的态度，鼓励孩子面对现实，勇敢地向困难发起挑战。例如：当孩子登山怕摔时，家长可以在旁边鼓励说："别怕，你行的，再说，摔一跤算什么。"或当孩子有些害怕时对他说一声："你真勇敢。"这样孩子就会树立信心，努力地去克服困难。当孩子一次次战胜困难时，他们便增添了勇气，激起了战胜困难的愿望。

培养孩童的好奇心 了解所好，从兴趣切入

利用周遭环境进行对话

父母可以跟孩子描述身边的景物，像是春天到了，百花盛开，万紫千红，真漂亮；夜晚散步时，和孩子谈论天空或璀璨的星月；路过新开幕的店面，可以简单清楚叙述眼前所见等，让孩子学会观察周遭环境。

了解孩童的兴趣

孩子有兴趣并能发挥想象力的事情可以让他学到更多。如果孩子喜欢音乐，多播放音乐给他听，或一起弹奏乐器；如果孩子喜欢昆虫，多读相关故事给他听。

清楚扼要的答复

依照孩子的程度选择答话的方式。如果不知道如何回答，要坦诚以对，让孩子了解，不知道没关系，可以和孩子一起去图书馆查询或利用网络搜寻，这是一个很好建立亲子关系的时机。书本是满足求知欲的宝物，可以经常上图书馆，还能培养孩子阅读的兴趣，一举多得。

开放式思考

开放式问题没有标准答案，无法以"对"或"错"、"是"或"非"来回答，例如："你怎么看待……"、"今天在学校做了什么"，这类问题能鼓励孩子说出自己的看法，也能让父母了解孩子的内心世界。至于开放式活动，有些玩具有固定玩法，有些素材则需要发挥想象力，不要告诉孩子该怎么做，让孩子依照好奇心自由发挥。

创造孩童的自信心 我是孩子王!

"自信"是什么?

即使遇到他不能立刻做决定的情况，他也能够相信自己可以做得更好。一旦他做出了决定，就会勇敢地走下去，从来不去回想这个抉择的好与坏，回想只会加重自己的胆怯而对事情毫无帮助。如果出现意想不到的情况，他会尽力去处理。他不害怕出错，因为他认为出错是人一生中无法避免的，它应该成为人生的一部分。这就是自信。

给孩童决定的权力

父母如果让孩子一起做出决定，有助于孩子建立自信。因此，要教导孩子怎样做出明智的抉择，并且要信赖孩子的判断力。如果要孩子相信他自己有能力和勇气去做任何事，父母就得先表示对他有信心。

学着当众发言

练习当众发言，除了可以训练勇气，提高自信心外，也可让别人多一个了解自己的机会。除了单纯的"会说

话"外，学会配合情境使用适当的语言，是孩子社会化的一项重要历程。

自信的化学反应

信心是一种催化剂，可以使一个人内心的各种想法转成令人惊奇的智慧。把目标说出来，大胆地朗读出来，并坚信一定可以实现，久而久之，会深深地扎根于人的身体里。因此，信心是催化剂，父母应该从小就灌输给孩子。

启发孩童的团队精神　从小养成好人缘！

利用生活案例当教材

看蚂蚁搬家是十分有趣的，孩子常会久久蹲在那里观看。这时，父母可以和孩子一起看，引导孩子观察蚂蚁如何搬动体积较大的食物。一只蚂蚁是无法搬动的，但许多只蚂蚁一起合作就能搬走。又如：带孩子看建筑工人盖房子，可以引导孩子看工人们如何分工合作。父母可以利用这些具体的、活生生的例子，告诉孩子"团结力量大"的道理，培养孩子初步的合作意识。

友爱的胸襟

父母应明确告诉孩子：家中每个人的行为都应符合自己应有的身份，像是父母关心孩子，孩子孝敬长辈。每个成员都是相互依存的，家里的事要大家做，好东西理应共享不能独占。

引导孩子从与人的相处中学会合作

帮助孩子学会建立和维系健康的友谊，是现代父母必须做的一件事，因为团体和朋友是孩子生活中的精神寄托，孩子的社交技能、良好的行为举止、宽以待人和富有同情心等与人相处之道，在童年时期就开始形成了。

与他人的交往与表达

在托儿所可能看到这样的情况，若是有个人在过去两年中因为工作，去那里的次数超过二十次，被每一个小朋友都认识，所以，当她每次出现时，孩子们都以一种"又来了"的表情迎接他。

现在正读大班的小朋友们，当他们还在中班时，那人每一次去的时候，他们常常带着依恋与珍惜的表情来到他身边，并问候说："阿姨，你来做什么呢？"或邀请她一起玩耍。现在，他们已经度过了那样的阶段，对定期来访者的关心逐渐淡薄，或许有时也会对那人讲"小高昨天摔跤了"，"很快就过年，是吗"等，但不会像过去那样聚集到身边来。

宝宝也有自己的"社交圈"

宝宝开始学习与人相处，拓展丰富的生活体验

宝宝将来的工作能力及个性的养成，与从小的社交能力也有很大的关系，不愿意交往，不敢交往只会让宝宝的生活圈子变得窄小，形成性格缺陷。爸妈要让宝宝从小就要学习与人交流，建立良好的人际关系。

不要忽视宝宝最初的交集

人只有在互相学习的过程中才会发现自己的不足之处与别人的优点。爸妈应该让一岁之后的宝宝多参与一些社会活动，增加自己的社交能力与生活阅历。在与人交往的时候，还要注意培养宝宝有礼貌、守秩序等良好的行为习惯，这样的宝宝才会更受欢迎，有助于培养他自信、自立的个性。

宝宝的活动范围扩大

宝宝学会走路之后，不但活动范围扩大，自己的交流对象与范围也跟着扩大，

以前可能只跟亲近的家人交流，现在宝宝需要慢慢接触一些陌生人。

宝宝最初的社交行为 宝宝的交友

对同龄宝宝感兴趣

当宝宝跟爸妈一起上街、逛商店的时候，总是会对其他一般大的宝宝产生兴趣，最初可能只是盯着他们不说话，有时候会笑一笑，或者伸出手想摸一摸，这就是宝宝最初的社交行为。

鼓励宝宝

当爸妈发现宝宝有这些行为时，应该为他感到高兴，要鼓励他继续，比如：让宝宝走到同龄小孩的面前，让他们互相打招呼、握手、交朋友。如果对方也很友好地回应，宝宝的心里就会得到很大的快乐，非常有助于建立自信心。

爸妈是宝宝的学习对象

如果爸妈也是乐观开朗的人，经常停下来和熟人、朋友打招呼，也会对宝宝产生潜移默化的作用，让宝宝逐渐学会模仿爸妈交谈的动作、姿势，感受和朋友之间相处的愉快心情。

累积宝宝的社交能力

从社区的亲子乐园到幼儿园，宝宝接触的人愈多，学习能力愈强。要让宝宝学会在众人面前说话和表演，学会在接受别人赞扬的时候表示谢意。久而久之，宝宝的辨别能力与社交能力都会大大提高。

给爸妈的贴心建议

新手爸妈如何教宝宝称呼人呢？

爸妈可以在卡片上画上"叔叔"、"阿姨"、"姐姐"、"哥哥"等的图像，逐步建立宝宝由辨识外貌便知道该如何称呼的基本观念。刚开始，例如：看见一个五六岁的女孩走过来，可以直接告诉宝宝要他说"姐姐，你好"。

守规矩的重要性　秩序可以被培养

新手爸妈如何教宝宝守秩序呢?

当宝宝有了最初的社交行为时就要教会他们学习礼貌用语、懂得谦让和友善待人。宝宝学会招呼人之后,爸妈还要教会他们一些礼貌用语,如"谢谢你"、"请"、"对不起"等。还要让宝宝明白"先来后到"、"以礼待人"等良好品德。

在游乐园玩溜滑梯的时候,如果溜滑梯旁边站了很多小朋友,爸妈就要告诉宝宝,要按照顺序一个一个来,不要抢,大家一起玩才最快乐。排队赶公交车的时候,也要告诉宝宝,只有大家都排队,上车的速度才最快,才会更快到家。在幼儿园里老师也会让宝宝全部端坐在小座位之上后,才开始发放点心。这种方式爸妈也可以在家里练习,而且还可以让宝宝自己从房间里拿出玩具来玩,玩完之后再自己放回原处。

宝宝在幼儿园和其他孩子的相处过程中,会有很多需要遵守秩序的地方,让宝宝听话也需要一定的技巧,同时跟在家时父母的表现有很大关系。如果父母平时做事待人都很有耐心与修养,宝宝在这种环境中长大非常有益处。

给爸妈的贴心建议

父母经常希望能在预想各种事情的基础上,预先做好准备,但还是会有未尽完善的部分。某天家里有一岁半大的三胞胎的爸爸说:"我们要出去散步。""所有小孩吗?""对的。""你一个人行吗?""没关系,我们只去很近的地方。"看到他手中什么也没有拿,便问道:"急救品和替换短裤呢?"答道:"很近,很快就会回来。"其实,未满两岁的幼儿集体外出散步时,最好要有两位成人陪同,不管是去多近的场所,都需要随身携带一套急救用品及替换的内衣裤,并随身携带着手机。如果发生事故,才能够立刻处理。

新手爸妈如何培养宝宝的社交能力？

让宝宝参与竞赛活动

鼓励孩子经常参加各种竞赛活动，有利于改善孩子的身体体质，增加兴趣，以及提升交际能力。孩子一旦爱上竞赛，就会主动寻找对手。这种寻找就是交际，而合适的对手，往往就是友谊的伙伴。

宝宝与社会接触

与宝宝经常出游

利用假日与孩子一起走出家门、走向社会、走向大自然，可以增长见识、陶冶性情，也可以培养兴趣、开放胸襟。旅游是一种开放性活动，交际也是开放性的，两者是相通的。交际需要坦露自己，需要主动和热情，一个沉默寡言、性格内向、不爱活动、自我封闭的人，怎么会有很强的交际能力呢？

现在，中班与小班幼儿的反应，也与前述相似，经过一年来频繁的接触，对于来访者已不再觉得新奇。两者相比，对于想要和他们交往并接近他们的人们，总是用很自然的态度对待。但是，如果是两岁幼儿，就很难出现以上的场景，每一次见面，都像是初次见面一样。

给爸妈的贴心建议

宝宝的表达差异

我们的语言与动作，不仅仅表现当时的心理活动，还能反映自己固有的、本来的感情与思维方式。也就是说，可以反映一个人的人品。当然这个论点适用于我们当中的每一个人。只是这里自然也和刚才叙述的"感情流露"相同，可以看出成人与幼儿的区别。成人可以控制自己的情感流露，或者加以"修饰"、"遮掩"。但是幼儿不会有上述情形，而是将自己的心灵如实反映在行为上。如果你走进一岁的幼儿班（年龄上，实际上大多数已到了两岁），每一个幼儿都会以"你是谁"的诧异表情凝视着你。那种凝视的表情，每一个人都不同，其中有些幼儿会害怕地走向保姆：有时把脚稍稍向前移一些。这时，如果你对他们微笑，有的幼儿会报以微笑，也有部分的仍然一直目不转睛地凝视着你。

步入
社会生活
宝宝正式走向社会化时期

公平不该只是法律上的定义，更应该融入人们的日常生活，以推动社会和谐发展。因此，公平意识的教育格外重要，必须从小在孩童心中建立公平的准则，陪伴他们步入纷繁复杂的社会。

建立孩童的公平意识

有些幼儿在家中当惯了少爷，在幼儿园里仍是少爷脾气。游戏中，看到好玩的玩具就要，不管别人是否在玩，要不到就闹；有时游戏开始就要别人听命于他，否则耍赖不参加。这些情况，只要通过正确引导，自会改观。

当然，对于已经养成骄纵习惯的孩子，立刻严厉喝止，一定会产生很大的反弹效果，托儿所老师当下的细心引导，爸妈务必在孩子回家后接续引导，才会形成更大的效果。爸妈在

引导的过程中，让孩子了解同理心的必要性，培养己所不欲、勿施于人的处事原则，如此一来，冲突会慢慢减少，最后消弥于无形。

公平意识消失的三大主因　拒当小霸王

长辈过于溺爱孩童

有些幼儿在家里予取予求，周围的人全绕着他转。家里的一切活动均以取悦"小太阳"为目的。这种家庭生活格局，生成了"小太阳系"。长久下来，幼儿便养成只懂得索取，而无奉献的坏习性。无形中，造就幼儿以自我为中心的偏狭观念。

社会价值观的无形感染

少数幼儿的家长，身居要职，拥有某些特权，他们在公共场合往往以特殊人物的身份凌驾于常人之上；又因其生活优越，地位特殊，倍受礼遇和敬重。这些现象足以影响幼儿的价值观——似乎有地位、掌握权势、具备钱财才会威风、够气派，理应受到特别照顾。

这种人际社会地位的落差对幼儿心灵的腐蚀性极大，造成一些幼儿倾羡权力，相互攀比，以为有了一个做"官"的爸爸，自己就可以理所当然地得到优待和尊重。这种对社会特权和不平等现象的认同，就自然而然地造成了幼儿心灵上公平之秤的倾斜。

"马可效应"的影响

教育中的"马可效应"有着不可忽视的消极影响。在幼儿教育中，有些幼儿的确有某些长处和优点，经常受到表扬和奖励。然而过度而又不适当的表扬和奖励，会滋长骄傲和自大。因此，教师、家长在幼儿的表扬和奖励上，不能人为地推波助澜，认为一好百好，一优皆优；更不能产生偏心的心态，使"马可效应"无限扩张。否则将造成幼儿从小误以为自己一切都好、他人皆不如己，以致听不进半点批评和责备。

给爸妈的贴心建议

如何建立孩童的公平意识？

"小太阳系"的家庭格局变为长幼有序的家庭格局，父母关心爱护孩子，小孩也要体贴照顾父母，使幼儿从小在尊老爱幼、相互扶持的环境中受到薰陶，树立起敬爱他人、安分守己的平等意识，养成经常关心帮助他人的好习惯。

奠定宝宝人格的好基础

现今有大量事实证明，相当多的孩童在父母长辈们的溺爱下，丧失了进入社会的正常能力。

溺爱的根源

溺爱往往表现在对儿女的放纵，好比任性、懒惰、嫉妒等恶习，父母不仅不设法制止，防患于未然，而且表现出盲目地宽容、错误地欣赏，甚至鼓励。

深入思考需求的背后原因

不能单纯去满足孩子提出的表面要求，而是要更深入思考孩子成长的规律、发展的需要，和孩子形成亦母、亦师、亦友的关系。要减少行动中的困惑，父母可以将孩子成长的目标定得更具体——学会生存、学会学习、学会做人、学会做事。

爸妈不再溺爱孩童的方法　拒当小霸王

适时放手

　　当孩子有一定能力的时候，慈爱开始意味着并不是什么都要满足孩子，而是要给孩子更多的使用能力、发展这些能力的机会。我们在孩子身边的支持、鼓励和指导，都是在帮孩子的成长加油。

激发孩童探究的好奇心

　　孩子天生好奇，要以各种方式来了解周围的世界。作为父母，最重要的是保护好孩子的探究热情，也就是保护好孩子主动学习的动力。我们可以欣赏孩子的提问，鼓励孩子自己去寻找答案，或和孩子一起去寻找答案，但父母不必是什么答案都有的百宝箱。让孩子习惯于寻找答案的过程，体验其中的快乐，比让他简单地记住一些答案更重要。

制定严谨的规则

　　孩子迟早是要步入社会的。立规矩，是保障孩子安全的基本屏障。在不同的年龄，孩子所受到的限制会有所不同，但遵守规则的意识，是父母为孩子步入社会准备的一份好礼。当然这里说的立规矩，并不意味着对孩子凶，而是告诉他们清晰的准则，温和而坚定的执行。

建立良好的习惯

　　饮食习惯、卫生习惯、起居习惯、读书习惯、学习习惯等，任何事情一旦形成习惯，便具有反复被执行的可能。习惯帮我们节省了很多思考时间。我们现在培养孩子的好习惯，即是为孩子未来的道路作准备。

培养孩童的同理心 学会体谅他人

同理心非天生

虽然人的同理心并非与生俱来，但感染他人的情绪几乎是每个孩子从小就有的能力。专家研究指出，孩子能从原本的自我中心的情绪感染，会慢慢转变为能站在他人角度，理解他人为何不开心，甚至能试着去帮助对方。

同理心的重要性

越有同理心的孩子，越能博得大家的好感、获得友谊，在团体中懂得团队合作，更利于孩童社会化的成长，甚至长大后，会和伴侣发展出和谐的亲密关系。

反婴儿现象的心理探讨

在弟弟和妹妹出生之前，哥哥和姐姐是在父母全心地照顾下成长，由于父母对自己倾注了全部的爱，心理得到极大的满足。如果自己能自立，做一些事情，父母也会十分高兴。弟妹出生之前，如果被人称为"哥哥"、"姐姐"，其自尊心会得到极大的满足。这一次，真正被父母称做"哥哥"、"姐姐"，自己也觉得似乎像那么回事儿。

但是，弟妹一旦出生后，幼儿就觉得父母过去只倾注在自己身上的爱与呵护，转移到了弟妹身上，"主人翁"的位子被夺走了，使他们感到有点失落，如果即使弟妹出生也像过去一样得到疼爱的话，他们就会感到放心许多。为此，想要有"夺回"父母对自己的疼爱，而做出一些婴儿般的撒娇行为，也是对弟妹的嫉妒心理所致。

如果幼儿是四至五岁这个年龄，可以不用依赖父母，会比较少出现返婴儿现象。而还不能充分自立，对父母有很强依赖感的两三岁幼儿，大多都会在无意识的情况下，回复到婴儿状态。返婴儿现象，意思是在某段时间内的行为倒退至婴儿状态，称为"退化行为"，我们将此认为是某段时间内的现象。但对于做了"哥哥"、"姐姐"的幼儿来讲，像是遭到很大的伤害，因此，如果想让幼儿尽快恢复原来活泼、懂事的样子，就需要父母给予比过去更多的疼爱。

爸妈如何教导孩童学会克制？

正确的价值观

世代转变的影响

随着消费观念的转变以及生活水准的提高，一些家长为了想让孩子在生活、物质条件等方面超过他人，于是便一味地迁就孩子，无限度地满足孩童对物质的需求欲望。

家长要克服虚荣心

某些家长认为，如果孩子的打扮不如他人，会感到脸上无光；于是大肆"添购行头"，满足自己的虚荣心。殊不知，给孩子太多会令他们误认为"追求物质即是快乐之源"。

不要轻易满足孩童的购物欲望

如孩童想得到一台游戏机，父母可以答应他，但前提是每天必须做自己力所能及的事，否则就不买给他。这样做，主要目的是让孩子体验追求过程的不易和享受得到以后的乐趣，产生满足感，有利于形成孩子的自制能力。

让孩子在参与的过程中学会消费

孩童可以在父母的引导下，慢慢了解如何将钱花在需要的地方，再学会合理安排钱财。如每月可以给孩童一定数量的零用钱，让他们自行规划花费。

人见人爱

孩童的基本礼节

在训练微笑、打招呼时，强调要主动打招呼、目光要注视着对方。无论是在家里接待客人，还是到别人家里做客，都要教导孩子微笑着主动打招呼。客人离开时，将客人送到门口并道别；若是到别人家里做客，临走时则要向主人道谢。强调能主动向他人问好，学会用商量的口吻与人说话；无意中伤害他人时，要说声"对不起"等。

孩童的社交礼节

在训练参加同伴活动或邀请同伴时，必须强调几种特殊的行为表现，例如：站在伙伴近处，微笑着有礼貌地打招呼，然后加入伙伴之中，并与他们交谈。

孩童的谈话技巧

父母应强调和鼓励孩子提出打开话题的开放性问题，回避封闭性话题，还要强调围绕一个话题谈话。

孩童的合作精神

在训练合作技巧时，必须强调轮流、分享游戏用品，遵守游戏规则，公平地游戏，胜不骄，败不馁。

孩童的助人精神

在训练助人精神时，强调对他人的正当请求要提供帮助，进而获得伙伴的喜爱，以结交更多的朋友。

孩童的独立能力

在训练独立性时，强调培养孩子独立思考、解决问题的能力。

孩童的仪容

孩童的仪表、打扮，必须强调整齐、干净、端庄的重要，并可在外在的修饰方面提供具体的建议。

父母是最佳学习对象

父母应该持续给予孩子潜移默化的影响，不要以为孩子听不懂就不以礼相待，即使要进入孩子的房间也要先敲敲门，告诉孩子你要进来了。这样一个小小的动作，就足以让孩子接受许多重要的讯息，对他未来的成长有极大的帮助。

"故意与人作对"的指导

在成人看来，幼儿同时说出自相矛盾的话，不知其真正的想法，令人生气。在生气的同时，又觉得难于理解。然而，这正是建立起了良好母子关系的反映。采取与过去同样的态度，尽量满足幼儿的要求，让他独立选择，因为现在是幼儿独立意识形成的重要时期，尊重他的自尊心，让他决定自己想怎样做，并按照自己的想法去做。

这样的话，幼儿一定不会变成不听父母话的孩子，甚至还能逐渐理解父母，听从建议。出现"故意与人作对"的现象，是幼儿成长过程中一件值得高兴的事情。当幼儿故意与您作对时，您必须巧妙地跟他周旋，在轻松愉快的语言游戏中，逐渐培养幼儿的爱心和自主性。

孩童的责任感 肩膀上的重量

孩童吃得了苦吗？

生活并不是一出简单的连续剧，父母不能把孩子放在温暖的避风港里成长，必须让他有番磨练才能成才。否则不能培养出孩子的吃苦精神，这种做法并不是爱孩子，而是在害孩子。因为孩子总有一天会长大，总会有离开父母的时候。

让孩童恪守职责

在家中，父母指导孩子整理好房间，让孩子学着做力所能及的家务，要孩子意识到身为家庭里的一员，要恪守职责。在学校里，教师要培养孩子"以团体为荣"的责任感，让孩子自觉地履行自己的职责，看见地上的纸屑会主动弯腰捡起来，而不是抱着"事不关己"的冷漠态度。

孩童必须自强

在西方欧美国家，父母普遍都很重视小孩的自理能力和自强精神。因为竞争的市场经济结构要求组成分子必须具备这种能力和精神。

行为的自立

能妥善料理自己身边的事务，例如：对六至七岁的孩子来说，不需要父母的叫唤就能自己起床，叠好被子，然后刷牙、洗脸、吃早餐等，这样的孩子就已做到了行为的自立。

精神的自立

让孩子能努力做到遇事不依赖父母，不乱发脾气，能对自己的事做出决定，并独立摸索自己的生活方式。

经济的自立

日常生活的花费不再依赖父母。这要等到出社会工作后算起，那时才真正称之为成人。

不妨从家务做起

父母要让孩子参与一定的家务劳动，培养孩子对自己、对家庭负责的意识，并逐渐扩张到对整个社会的责任感，使孩子成为一个社会人。但是只让孩子明白了什么是责任感还是不够的，还应该给孩子具体的行为指导。孩子心思单纯又缺乏自制力，没有父母的指导和监督，孩子理解的那些责任都无从落实，培养责任感也就只是一句空话而已。父母可对家庭劳动的时间、内容都做出明确的要求，让孩子能有明确的认知，而且监督孩子执行。也可以让孩子独自承担一两项力所能及的家务事。

培养积极性

幼儿想要依靠自己的力量做各种事情的心情，早在零岁时就已经表现出来。到了一岁，还表现出希望自己所做的事情，能得到他人的承认。这充分表示幼儿想要依靠自己的能力做事，而所做的事情又希望得到他人认可的心理，这对幼儿意愿的培养十分重要。

给爸妈的贴心建议

孩童的黄金未来

孩子的路要靠自己去走，未来的生活要靠自己去创造。这一切都不是父母可以代替的，深爱孩子的父母们，提升孩子的责任感，要从小学起！

开启"心灵之耳"

倾听对孩童的影响

倾听在与人沟通的过程中相当重要，善于与人沟通事情会顺利许多；反之，则会处处碰壁，以至于什么事情都做不成。而且能与别人沟通的人永远是快乐的人，不能与人相处的是孤独和不幸的人。

学会倾听

不要随便打断别人的谈话，要甘心做一个真诚的听众，耐心听别人倾诉，多听别人心里的声音，可以使他成为受欢迎的人。喜欢夸大其词的人，大家总会怀疑他的真诚；一个总是沉默的人，大家会觉得他没有思想，在说与不说之间需要一个"适度"的把握。但怎样才能做好这个适度，需要平时在生活中做观察总结和体会。

举行家庭会议

家庭可以定期开会，让孩童在会议中学会倾听、沟通。会议的目的，除了分配每周的工作外，也是家人交流情感的最佳时机，彻底沟通家庭气氛自然其乐融融。

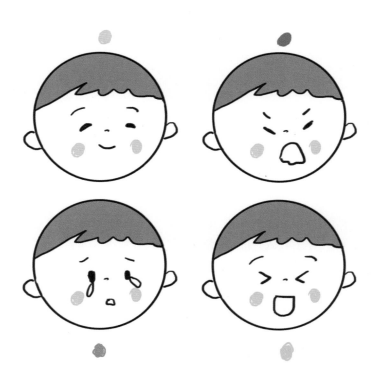

培养孩童判断对错的能力

西方的教育理念是培养孩子健全独立的人格，首先应培养其健全独立的是非对错标准观念，使之从小学会独立解决遇到的问题。

孩童流于"中庸"吗？

因为奉行中庸之道，养成了中国人内敛温和、谦逊有礼的民族性格。父母在教育孩子时，大多希望他们与人能和平相处，不要惹事生非。有时甚至可以按照成人"事不关己，高高挂起"的处事哲学，完全置身事外。但放眼当今社会，正是因为这种明哲保身的中庸思想，使得小偷可以在大街上肆意妄为，使得一些极需他人帮助的人遭遇不幸，这难道不是一大悲哀吗？

正确的是非观念

孩子率真自然的天性不应该受到压抑，否则等到孩子长大成人后，其创造力和进取精神都会有不同程度的受损。培养孩子明辨是非的能力，让孩子知道是非观念是在内心，不是屈服于权威。可以说，教导孩子明辨是非才是有效的方法。

父母必须以身作则

父母的一言一行，哪怕是生活中毫不起眼的细节，都难逃孩子的眼睛，尤其年幼的孩子还无法分辨是非善恶，只是一味地模仿。父母的言传身教对孩子影响之大，不得不谨慎注意啊！

教养孩子没有一定的公式，也没有一套固定的技巧，无法一套用就能得出标准答案或是得出想要的结果。父母要以身作则，示范正确的行为，并且随时纠正错误的观念，亲子间相互学习、自省与调整，孩子自然能成为一名正直的人。

给爸妈的贴心建议

幼儿与家人的互相影响

幼儿在全家人和周围环境的影响下，有了各式各样的生活体验，而且幼儿不只受到周围环境的影响，幼儿同时也能影响周围的环境。从这个意义上讲，如果幼儿不适应家庭的育儿习惯，则有必要改革家庭中不合适的约束和生活管理。

培养孩童坚定的意志力 滴水穿石

什么是坚定的意志力？

　　一个人为了达成目标而勇敢不畏艰难、决心和坚持不懈努力去实现的一种品质。一个人做事，在动手前，当然要详慎考虑；但是计划或方针已定后，就要认定目标前进，不可再迟疑不决，这就是坚毅的态度。

意志力薄弱的表现

　　一会儿要学这，一会儿要学那，一天到晚忙着学习却不见成效。这是没有目的、没有计划性的学习表现。做事前，怯懦胆小、犹豫不决，这是行为缺乏果断性的表现。自制力差，上课经常发呆，精力无法集中，或是制定计划却不执行，一遇到困难就退缩，这是缺乏行为持久性的表现。

爸妈如何培养孩童坚定的意志力？ 从小事入手

学习从小事做起

有的孩子意志力不够坚定，又不肯从小事做起，以为课没上、一次作业没交没什么关系，与他的意志力无关。反之，意志力坚定的孩子必定认真对待每堂课、每一次作业，最后获得学习上的成就。

张，不容易犯错。如果孩子的成绩一直好，几乎没有受挫的磨练，很可能只要有一点点细微的刺激都会扰乱他的情绪。所以对孩子不要像"小皇帝"一样地娇生惯养，这将不利于培养孩子的意志力。

制定学习计划

协助孩子拟定学习计划，培养孩子的自理能力，坚持让他自己洗衣服、自己打扫房间等，日积月累，他自然会养成良好的生活习惯。

分辨是非的能力

孩子意志力还不够强，容易受到外界的影响。加上分辨能力不足，经常不加选择地模仿不良行为，例如：电视、电影中反派人物的动作或语言。父母要教孩子分辨事情的好坏，并积极阻止不良行为的发生。

给予适当的挫折

让孩子从失败的累积中逐渐学会控制自己的情感，培养孩子抗压性和挫折忍受力，考试时就不会怯场、不会紧

学习专心一意

养成孩子专注的学习习惯，应适当地缩短学习时间，可以要求孩子在一定时间内完成哪些作业，做完后就可以痛痛快快地玩，应避免以学习时间的长短来断定学习质量。如果经常在书桌前消磨时间，这样学习时容易形成惰性，一遇到困难就会止步不前。

养成良好的习惯

从小培养孩子良好的学习习惯和生活习惯，是孩子从进步走向成功的关键。而孩子的意志力如何往往取决于是否有良好的学习习惯。独立思考、持之以恒、锲而不舍、循序渐进等，都是良好的学习习惯。而一曝十寒、半途而废、虎头蛇尾、知难而退等，都是不良的学习习惯。良好的行为习惯是在日常生活中养成的。

爸妈如何营造优质的成长环境？ 从现在做起！

不要严格掌控孩童

不妨让孩子在不同的年龄阶段拥有不同的选择权，例如：两岁的孩子允许选择午餐吃什么，三岁的孩子允许选择出门时穿什么衣服，四岁的孩子允许选择假日去什么地方玩，五岁的孩子允许挑选买什么玩具，六岁的孩子则允许选择看什么电视节目……这样从小就享有选择权的孩子，比较容易感到快乐，学习到自立。

鼓励孩童多交朋友

不善交际的孩子通常感受不到友情的温暖而孤独痛苦，大多性格上较为内向、忧郁，因此，更应该鼓励他多结交性格开朗、乐观的同龄朋友，以拓展他的人际关系。

教孩童与人融洽相处

能与他人融洽相处有助于培养快乐的性格，因为能与他人融洽相处的人，个性较为开朗，内心较为光明。父母可以带领孩子接触不同年龄、性别、性格、职业和有社会地位的人，让孩子学会与不同的人融洽相处。此外，父母本身就要是一个与他人相处融洽、热情待客、真诚待人的人，才能给孩子树立起好榜样。

生活不宜过于优裕

物质生活的奢华反而会使孩子产生一种贪得无厌的心态，而对物质的追求往往又难以自我满足，这就是为何贪婪者大多并不快乐的真正原因；相反地，过着普通生活的孩子往往只要得到一件玩具就会十分开心。

培养孩子多样兴趣

开朗乐观的孩子心中的快乐源自各个方面，一个孩子如果仅有一种兴趣，他就很难保持长久的快乐。兴趣是孩子学习的最大动力，培养孩子多样的兴趣，只要父母善于引导，即使是最枯燥的课程都可以让孩子感兴趣，有了兴趣之后，学习就会变得轻松、快乐多了。

引导孩子摆脱困境

即使天性乐观的人也不可能事事都称心如意，但他们大多很快就能从失意中重新振奋起来，并把之前的沮丧丢在脑后。父母最好从小就培养孩子应付困境，乃至逆境的能力。要是一时还无法改善困境，可以教育孩子学会忍耐和随遇而安，或在困境中寻找另外的精神寄托，例如：参加运动、游戏、聊天等。

拥有自信十分重要

一个自卑的孩子不可能开朗乐观，这就从反面证实拥有自信与快乐性格很重要。对一个智力或能力都有限，因而充满自卑的孩子，父母务必要多发现其长处，并适时多给予赞美和鼓励，来自父母和亲友的肯定，有助于孩子克服自卑、建立自信。

听故事与看图画书的乐趣

幼儿听故事，不仅仅是想要知道故事情节或想要获得一些知识，在听故事时，把自己完全置身于故事情节之中，将自己想象成故事中的某个人物，会使他们很快乐。因此，喜欢的故事，听十遍甚至几百遍，他们都会觉得十分有趣，有的孩子甚至会连续三个月每天晚上都听三遍相同的故事。

对图画书的爱好，因个性而不同。从找到自己熟悉的画面而觉得开心开始，逐渐到追求故事情节的趣味乐趣；将自己完全想象成剧中角色而感受快乐；或者模仿某个部分，体会剧中人的动作及说话的神情。这时，如果幼儿的领会程度与成人的理解和目标不同，不要勉强将大人的意思强加给幼儿。这段时期内，幼儿只在某些细节与成人有共同的感觉，或者一本书中只有某一页能够吸引他想象连篇。

给爸妈的贴心建议

一个充满敌意，甚至有暴力的家庭，不可能培养出快乐的孩子。家庭的气氛对孩子性格的形成有重大的影响。因此，父母要懂得营造和谐愉快的家庭气氛，让孩子从小在欢乐的环境中养成优良的品格。

爸妈是孩子的第一个老师 **至关重要**

"零到五岁属于品格养成的阶段，人的品格在此时成形，然后跟着他走一辈子。"可见，父母的一言一行都会成为孩子观察、学习、模仿的对象，孩子很容易耳濡目染地形成他的生活习惯，影响他一生的价值观和人格。

父母的重责

父母是与子女相处时间最长、关系最亲密、心理倚赖性最强的人，也是子女生活经验和社会认知的第一位传输者和首要模仿的对象。因此，养育栽培一个孩童的成长，父母担负的责任格外重大。

父母为榜样

所以做父母的一定要切记自己在孩子心中的偶像身份，并努力扮演好自己的角色。请记住：做父母的若想让孩子成长为一个什么样的人，首先就要让自己能够成为这样的人！

确立教育孩童的做法 过犹不及

"问题孩子来自问题家庭"

如果家庭教育出现了问题，再好的学校教育也无法弥补其缺憾。父母的教育方式如果有偏差，就会左右孩子的人格形成，因此，父母必须谨慎掌握正确教育孩子的方法，并且态度要一致。

适度的关爱

爱护孩子要适度，不能对孩子娇生惯养、百依百顺，这样容易造成孩子任性、自私或过分依赖的个性，见困难就退缩，遇挫折就气馁。

切忌过于严苛

不要过分苛求孩子。不求孩子样样得第一，但求孩子要努力，不要给孩子过大的心理压力和过强的精神刺激。

温和的性情与个性

幼儿的成长道路，各有不同，虽然在程度上有所差别，但是普遍都爱发怒，说出"不要""讨厌"之类的话。其中，有以智力和理解力为中心的方面，以手足运动为主的方面，以感性为先导的方面等，在每个幼儿中，都相互并存，并且相互关联地逐渐发展。由于女孩的语言发展较快，也有一定的理解能力，自我意识较强，无论从哪个方面来说，智力发展十分引人注目。想要尽快长大，同年龄的小孩也和大人一样，对自己力不能及的事也会感到焦躁、生气，可以看出两岁幼儿复杂的感情已渐渐萌芽。

而感觉上小男孩较为运动活泼，较早出现了感觉方面的特长，对于声音、震动的喜好，对稳定与不稳定的反应敏捷。大多数男性幼儿虽然较少说话，但语感十分强烈。男性和女性幼儿中重要的共同点是，语言中表现出"美好心灵"。从两岁幼儿身上已经可以看出人性中最珍贵的心地善良，关心他人的情感，这些情感包含在个性中，通过生活及玩耍表现出来。

幼儿单纯的话语和稚嫩的行动，在逐渐扩展的世界中，有时会遇到心理与实际不相吻合的情况。例如：幼儿手中握着鲜花，兴高采烈地来报告说："蒲公英开花了"，他其实拿的是菊花，在这种情形下，为了不伤害幼儿美丽的想象，又要遵守通常的规则，则需要父母充分发挥智慧。

孩童不是父母的复制品　父母是孩童的引导者

父母生养子女的目的，不该是把他们当做自己的延续，也不该把他们当做自己的影子，宽容的父母就要让孩子的一切只属于他们自己。

你们是宽容的父母吗？

对宽容的父母来说，最应该牢固建立的观念是一切以孩子的需求为出发点，分辨什么是孩子成长发展真正所需要的，切莫把自己的私欲强加在孩子身上。

真的是孩童需要的吗？

在各行各业竞争日趋白热化的现代社会，每个人的自我保护意识都会不自觉地被强化，并以不同的方式表现在日常生活中，这种影响给子女教育带来的负面效果，是父母在实施教育行为时，大多是以自己的面子为考量，而非以孩子的真正需要为考虑。

老掉牙的古语

中国有"龙生龙，凤生凤，老鼠生的儿子会打洞"的俗语，表现在父母对子女的教养上，就是父母以自己的兴趣、爱好为标准，刻意把孩子朝自我延续的方向引导。

孩子的教育问题上，最常遇到的是，父母习惯把孩子当做是自己身体的一部分，或是把孩子当做是自己的分身，希望孩子能像魔术师一样弥补他们本身的遗憾，却没有警觉到，当孩子弥补他们遗憾的同时，或许正在制造孩子自己的遗憾。

让孩童自由发展

父母如果真疼爱自己的孩子，就一定要根据孩子的思维特征和兴趣特长，有计划地进行培养，切莫盲目跟从别人或流行的社会风气。

不做无谓的复制人

任何工作，只要做得好，都会得到世人的尊敬，也会赢得名利。所以请宽容的父母们忘记自己的遗憾和未曾实现的理想吧！孩子绝不是父母的复制品。

两岁幼儿对任何事情不亲自试一试，就不会知道是"好"还是"不好"，而与两岁幼儿交往的时限也很短暂，在这期间，成人可尽量发挥所有的创造力，带着幽默感与幼儿交往。通过交流、沟通，或许父母会从中得到启发。

大人们的影响

幼儿们在沙堆中不知不觉地就脱下鞋子打赤脚，将沙子撒在脚上；用手在沙中挖洞，在沙中翻滚，体验摸沙子的触感以及与沙子融为一体的愉快。只有小芳，在一旁茫然地观看。小芳觉得沙子进入鞋子里很不舒服，不喜欢沙子和污泥，一点也不想去碰它。如果手脚被弄脏，还会哭起来。幼儿中，也有像小芳那样没有玩沙子的体验，对什么事都非常敏感、讨厌脏污的类型。这大多是由身边大人、母亲的语言和行为所影响的。特别是母亲过分地小心、担心、有洁癖，而影响到了小孩，使幼儿变得也有些神经质。如果过分溺爱小孩，只注意宝宝的安全，所有的事情都替宝宝做好，会使宝宝失去得到各种体验、经验的机会。所以，在游戏过程中过度地限制小孩"不准这样做"、"不能……"，一切都要求小孩按照成人的表情行动，会使小孩逐渐失去玩耍的欲望，心中时刻忐忑不安，以致于逐渐疏远游戏。因此，最好能让幼儿充分自由地游戏、玩耍。

家庭教育是完善社会的重要前提

一个人一生可以选择的东西很多，而生于一个什么样的家庭，是少数最不能选择的东西之一。父母不一定能给孩子最优渥的物质生活，却完全可以为其营造最温暖的家庭氛围。

家庭教育的重要

什么样的土地会长出什么样的作物，什么样的林子会养出什么样的动物。一个人日后的发展方向和成就，与其家庭出身有着必然的关联性。

人格养成的土壤

完整的家庭是完整人格的基础。家庭的温暖主要是人情的温暖、亲情的温暖，孩子在温暖的家庭环境里成长，能够确保其心态健康平和、意志品德坚定，并能积极向上。

家庭、学校、社会"三位一体" 从各个层面完善宝宝的教育

家庭是教育发展的核心

孩子年幼时，父母是家庭的支柱，不仅是家庭经济的支柱，也是亲情的核心。身为父母，如果能对长辈恭敬、对同辈和气，孩子便能从中感爱到温暖的人伦之乐，进而影响社会整体风气。

制造乐观进取的家庭氛围

爱学习、求上进的家庭气氛，父母的好榜样有很重要的效用。孩子通常喜欢并尊重有文化、有教养、好学上进、作风民主、举止文明、关系和谐的父母，特别是父母的学习兴趣会直接影响孩子的学习兴趣。

帮助孩童衔接上学校教育

父母应该多向孩子讲述自己小时候在学校的趣事，多传达自己对学校美好的向往与记忆的信息，努力培养孩子对学校的情感。否则，如果父母给孩子传递的都是自己多么不愿意上学、学校生活多么枯燥无味等消极信息，那么孩子也很可能会讨厌学校。

家庭永远是孩童坚韧的后盾

现代商业社会资源分享，机会对每个人都是均等的，发财致富对每个不断努力的追求者而言，并非遥不可及的梦想。父母和家庭成员团结一心、同甘共苦，不仅能促进事业的成功，也会对孩子产生广泛而深远的影响，特别是对培养孩子团队合作的精神、顽强意志的品格，更是功不可没。

图书在版编目（CIP）数据

1～2岁宝宝照护不NG安心全指南 / 乐妈咪孕育团队主编. -- 南昌：江西科学技术出版社，2017.9

ISBN 978-7-5390-6092-7

Ⅰ.①1… Ⅱ.①乐… Ⅲ.①婴幼儿－哺育－指南
Ⅳ.①TS976.31-62

中国版本图书馆CIP数据核字（2017）第238478号

选题序号：ZK2017244
图书代码：D17088-101
责任编辑：邓玉琼　万圣丹

1～2岁宝宝照护不NG安心全指南

1～2 SUI BAOBAO ZHAOHU BU NG ANXIN QUAN ZHINAN

乐妈咪孕育团队　主编

摄影摄像	深圳市金版文化发展股份有限公司
选题策划	深圳市金版文化发展股份有限公司
封面设计	深圳市金版文化发展股份有限公司
出　版	江西科学技术出版社
社　址	南昌市蓼洲街2号附1号
	邮编：330009　电话：（0791）86623491　86639342（传真）
发　行	全国新华书店
印　刷	深圳市雅佳图印刷有限公司
开　本	720mm×1020mm　1/16
字　数	180千字
印　张	13
版　次	2018年1月第1版　2018年1月第1次印刷
书　号	ISBN 978-7-5390-6092-7
定　价	39.80元

赣版权登字：03-2017-343